材料科学与工程高新科技译丛

# 碳材料的制备、表征及应用
## ——根据诺贝尔奖获得者铃木章在IUMRS-ICEM 2018上的演讲

［罗］卡梅莉亚·米龙
［意］保罗·梅尔　　编
［日］金子　智
［日］远藤民生

杨中开
张文娟　译
汪　滨

中国纺织出版社有限公司

## 内 容 提 要

本书以诺贝尔奖获得者铃木章在国际材料研学会联盟—电子材料国际会议（IUMRS-ICEM 2018）上的演讲为基础，详细描述了不同碳材料的合成、表征和应用。主要涵盖了石墨烯、碳纤维复合材料、功能化碳材料以及聚酰亚胺，还论述了超导体材料的合成、加工、表征，缩聚法合成聚酰亚胺的最新技术，以及液体中等离子体对其结构的改性。从跨学科工程的角度，尽可能全面地介绍了解碳材料的最新技术及其应用。

本书适合从事石墨烯、碳纤维复合材料等相关研究的人员阅读参考。

First published in English under the title
Carbon-Related Materials: In Honor of Nobel Laureate Akira Suzuki's Lecture at IUMRS-ICEM 2018
edited by Camelia Miron, Paolo Mele, Satoru Kaneko and Tamio Endo, edition: 1
Copyright © Springer Nature Switzerland AG, 2020
This edition has been translated and published under licence from Springer Nature Switzerland AG.

本书中文简体版经 Springer Nature Switzerland AG 授权，由中国纺织出版社有限公司独家出版发行。本书内容未经出版者书面许可，不得以任何方式或手段复制、转载或刊登。

著作权合同登记号：图字：01—2023—5555

图书在版编目（CIP）数据

碳材料的制备、表征及应用/（罗）卡梅莉亚·米龙等编；杨中开，张文娟，汪滨译 . -- 北京：中国纺织出版社有限公司，2024.6

（材料科学与工程高新科技译丛）

书名原文：Carbon-Related Materials: In Honor of Nobel Laureate Akira Suzuki's Lecture at IUMRS-ICEM 2018

ISBN 978-7-5229-1714-6

Ⅰ. ①碳… Ⅱ. ①卡… ②杨… ③张… ④汪… Ⅲ. ①碳—材料科学—研究 Ⅳ. ①TM53

中国国家版本馆 CIP 数据核字（2024）第 081030 号

责任编辑：陈怡晓　　责任校对：寇晨晨　　责任印制：王艳丽

中国纺织出版社有限公司出版发行
地址：北京市朝阳区百子湾东里 A407 号楼　邮政编码：100124
销售电话：010—67004422　传真：010—87155801
http://www.c-textilep.com
中国纺织出版社天猫旗舰店
官方微博 http://weibo.com/2119887771
天津千鹤文化传播有限公司印刷　各地新华书店经销
2024 年 6 月第 1 版第 1 次印刷
开本：710×1000　1/16　印张：9
字数：160 千字　定价：168.00 元

凡购本书，如有缺页、倒页、脱页，由本社图书营销中心调换

# 序言

首先,我并不是研究碳材料方向的专业人士。应远藤民夫(Tamio Endo)教授(日本先进化学,三重大学名誉教授)和会议委员会李秀完(Soo Wohn Lee)教授(韩国鲜文大学)的邀请,我参加了在韩国大田举办的国际材料研究学会联盟—电子材料国际会议(IUMRS-ICEM),做了题为"有机硼烷的交叉偶联反应:碳—碳键合的简单方法"的诺贝尔学者报告。为纪念这次讲座,会议方举办了"碳相关材料"专题研讨会。在研讨会上我结识了许多朋友,包括佐藤凯恩(Satoru Kaneko)博士(神奈川产业技术综合研究所KISTEC)、保罗·梅尔(Paolo Mele)教授(芝浦工业大学)和李秀完教授。会议期间,他们邀请我为这本书写序。

1963年,我加入了美国印第安纳州普渡大学赫伯特C.布朗(Herbert C. Brown)教授(1997年诺贝尔化学奖获得者)的研究小组,成为一名博士后,研究有趣的新反应——硼氢化反应。在普渡大学工作两年后,我回到了北海道大学,开始进行有机硼化合物用于有机合成的研究。我们的课题组发现,有机硼烷可作为有机合成中很重要的中间体。我们在卤化硼和交叉偶联反应方面的研究和发现奠定了硼的有机化学和相关有机合成方法学的基础。

交叉偶联反应广泛应用于多官能体系中碳—碳键的立体构建。虽然我已经退休,但非常高兴有机会在国际会议上与众多青年研究人员讨论化学。希望这本书对青年化学家有帮助。

铃木章

铃木章教授
北海道大学教授
2010年诺贝尔化学奖得主
北海道大学，日本，札幌

铃木章教授（中）

Akira Fujishima 教授（左二）
Ulrich Habermeier 教授（左三）

# 前　言

碳基功能纳米材料由于其独特的化学和物理性能（如导热性和导电性优良、机械强度高、光学性能好）而越来越重要。碳基功能纳米材料是目前的热点课题，这个领域正在进行广泛的研究工作，实现其工业应用，如高强度材料和电子产品等。碳基纳米材料也在微电子工程领域展现出良好的应用前景。

本书尽可能全面地介绍了碳材料及其应用。从工程应用角度看，这些内容属于多学科交叉领域，包括不同碳基材料的合成、表征以及工业应用。

本书主要介绍了石墨烯、碳纤维复合材料、功能化碳材料和聚酰亚胺的合成方法，如化学气相沉积（CVD）法、液体等离子体法、聚变反应堆或倍频钇铝石榴石(YAG)激光器法等。

此外，还介绍了超导材料的合成、表征和加工。详细介绍了 X 射线荧光（集成于微型断层扫描和图像处理实验室的方法）和基于拉曼光谱的表征方法；基于碳纤维的微波和缝隙波导天线未来在空间技术中的应用；利用激光雕刻表面浮雕光栅的方法，用于研究偶氮聚合物对脉冲激光照射的响应；多种聚酰亚胺缩聚方法的新进展，以及液体中等离子体对聚酰亚胺结构的改性。

这本书对于需要巩固碳相关材料专业知识的专业人士以及希望了解热电薄膜方面知识的初学者非常重要。

# 译者序

作为《碳材料的制备、表征及应用》的译者，我们有幸参与了这本书的翻译工作，并深感荣幸能为读者们介绍这一重要领域的相关知识。

碳材料作为一类备受瞩目的材料，在当今世界的材料科学领域占据着重要的地位。因独特的结构和优异的性能，其在能源、电子、航空航天等领域展现了广阔的应用前景。本书中从工程应用角度对碳材料及其应用进行了全方位介绍，包括了不同碳基材料的合成方法、表征及工业应用等内容，这些内容属于多学科交叉范畴。因此，本书的译者团队深知将这一领域的知识传递给更广泛的读者群的重要性。

在本书的翻译过程中，我们尽力保持原著的专业性和准确性，确保读者能够准确理解碳材料制备、表征及应用方面的知识。同时，我们也尽可能地使翻译后的内容更贴近目标读者的语言习惯和阅读习惯，便于读者更轻松地理解和吸收所传递的信息。

本书的翻译工作由杨中开、张文娟、汪滨统筹完成，第一章由张文娟翻译，第二章和第六章由杨中开翻译，第三章由汪滨翻译，第四章由马涛翻译，第五章由朱志国翻译。

在此，我们要感谢所有参与本书翻译工作的团队成员，是大家的合作与支持让翻译工作顺利完成。同时，译书的出版得到了中国纺织出版社有限公司的鼎力支持和帮助，在此一并致谢。

由于译者的水平有限，翻译内容难免会有不准确之处，恳请广大读者斧正批评。希望本书能够成为读者学习、探索碳材料世界的良师益友，激发更多人对碳材料及其应用领域的兴趣和热情，推动碳材料技术的进步与创新。

译者

# 目 录

## 第1章 化学功能化 CVD 石墨烯的拉曼光谱 ··· 1
### 1.1 引言 ··· 1
### 1.2 CVD 石墨烯的拉曼光谱 ··· 2
#### 1.2.1 石墨烯中的声子过程 ··· 2
#### 1.2.2 掺杂和应力应变对 CVD 石墨烯拉曼光谱的影响 ··· 3
#### 1.2.3 多层石墨烯的拉曼光谱 ··· 4
#### 1.2.4 CVD 石墨烯的拉曼光谱缺陷特征 ··· 5
### 1.3 功能化 CVD 石墨烯的拉曼光谱 ··· 5
#### 1.3.1 CVD 石墨烯的化学功能化 ··· 5
#### 1.3.2 氟化 CVD 石墨烯的拉曼光谱 ··· 6
#### 1.3.3 CVD 石墨烯的表面增强拉曼光谱 ··· 8
#### 1.3.4 功能化 CVD 石墨烯的表面增强拉曼光谱 ··· 10
### 1.4 结论与展望 ··· 12
### 参考文献 ··· 12

## 第2章 石墨材料在电磁兼容领域的应用 ··· 19
### 2.1 引言 ··· 19
### 2.2 研究现状 ··· 20
### 2.3 电磁屏蔽机制 ··· 21
### 2.4 电磁波在非磁性导电介质中的传输 ··· 24
#### 2.4.1 吸收损耗 ··· 24
#### 2.4.2 反射损耗 ··· 25
#### 2.4.3 多次反射和折射的连续损失 ··· 26

## 2.4.4 屏蔽效能一般方程 ······ 27
## 2.5 碳粉电磁屏蔽性能的数值分析 ······ 27
### 2.5.1 屏蔽厚度对屏蔽效能的影响 ······ 28
### 2.5.2 网眼尺寸对屏蔽效能的影响 ······ 30
### 2.5.3 入射波偏振对屏蔽效能的影响 ······ 33
## 2.6 选定屏蔽物配置的实验研究 ······ 33
### 2.6.1 网眼大小和入射场偏振对屏蔽效能的影响 ······ 33
### 2.6.2 石墨浸渍斜纹织物的实验分析 ······ 38
## 2.7 未来发展趋势 ······ 39
## 参考文献 ······ 40

# 第3章 用于天线和微波技术的碳纤维增强聚合物材料 ······ 43
## 3.1 碳纤维增强聚合物材料的特性 ······ 43
### 3.1.1 NRW 法对 CFRP 材料的表征 ······ 44
### 3.1.2 CFRP 的电磁特性表征 ······ 45
## 3.2 航空航天、汽车和卫星用 CFRP 材料 ······ 48
### 3.2.1 CFRP 材料在航空航天领域的应用 ······ 48
### 3.2.2 CFRP 材料在汽车领域的应用 ······ 49
### 3.2.3 CFRP 材料在卫星领域的应用 ······ 50
## 3.3 CFRP 微波组件 ······ 51
### 3.3.1 CFRP 天线的末端发射装置 ······ 51
### 3.3.2 波导天线中的 CFRP 背短路 ······ 52
### 3.3.3 天线用 CFRP 材料 ······ 53
## 3.4 展望与挑战 ······ 54
## 参考文献 ······ 55

## 第4章 压缩载荷下隙缝波导天线加强筋的结构设计与优化 …… 61
- 4.1 引言 …… 61
- 4.2 SWASS 的设计理念 …… 63
- 4.3 等效二维建模 …… 64
  - 4.3.1 核心网络的等效建模 …… 64
  - 4.3.2 数学建模 …… 65
  - 4.3.3 模型验证 …… 67
- 4.4 三维有限元板模型 …… 69
  - 4.4.1 三维板有限元模型的验证 …… 69
  - 4.4.2 四种设计理念的结构不稳定性 …… 70
- 4.5 结构分析和评价 …… 72
  - 4.5.1 非线性分析 …… 72
  - 4.5.2 结构优化 …… 73
  - 4.5.3 实验结果 …… 75
- 4.6 结论与展望 …… 78
- 参考文献 …… 78

## 第5章 偶氮聚酰亚胺制备激光诱导表面浮雕光栅 …… 81
- 5.1 引言 …… 81
- 5.2 偶氮聚酰亚胺和偶氮共聚酰亚胺的合成 …… 83
- 5.3 光致变色性能 …… 86
- 5.4 表面结构研究 …… 88
- 5.5 结论 …… 92
- 参考文献 …… 93

## 第6章 液体中脉冲放电对聚合物的结构改性 …… 99
- 6.1 引言 …… 99

6.2 液体中的等离子体 ·············································· 102
6.3 等离子体处理的聚酰亚胺的结构改性 ······················ 104
6.4 水等离子体处理后聚酰亚胺薄膜的电气和机械性能 ··· 109
　6.4.1 水中纳秒脉冲放电处理聚酰亚胺薄膜 ············· 109
　6.4.2 水和异丙醇中用微秒脉冲放电处理聚酰亚胺薄膜 ······ 111
6.5 水等离子体处理的含氯化钴（Ⅱ）基团的氟化聚酰亚胺
　　薄膜的光学性能 ·············································· 116
　6.5.1 傅里叶变换红外光谱 ································· 118
　6.5.2 紫外—可见吸收光谱 ································· 119
　6.5.3 荧光光谱 ··············································· 120
6.6 结论 ······························································ 122
参考文献 ······························································ 122

# 第 1 章　化学功能化 CVD 石墨烯的拉曼光谱

Jana Vejpravova　Martin Kalbac

## 1.1　引言

单层石墨烯（1-LG）是典型的二维（2D）材料，是一个原子厚度的碳原子组成的蜂窝状晶格结构。受到石墨烯独特性能的启发，研究者开展了大量关于石墨烯的实验和理论研究工作，为其潜在应用奠定了基础。由于单层石墨烯（1-LG）独特的表面结构，一般来讲，它与周围环境的作用是影响其能带结构（费米能级的位置和费米表面的畸变等）的重要因素，从而影响其物理化学性能。

通常可以通过机械剥离法来制备高质量的石墨烯样品。但是，从实际应用的角度来看，更重要的是获得大量的石墨烯材料。石墨烯也可以通过化学剥离的方法从块状材料中制备。但该方法获得的条件通常相当苛刻，因此获得的材料是概念性的，并且具有很多明显的缺陷。同时这种方法也会导致多层石墨烯的生成且薄片尺寸的分布相当不均匀，不适合高端应用。

CVD 是机械剥离法和化学剥离法的折中。针对石墨烯而言，CVD 工艺可以得到较高质量的样品。事实上，利用 CVD 法制备石墨烯的工艺已经达到很高的水平，人们可以该方法制备的石墨烯为原料，通过进一步修饰来改变其性能。尽管对纯石墨烯的研究还在继续，但人们对石墨烯的化学功能化改性也越来越感兴趣。从这个意义上说，对石墨烯的多种多样的修饰将扩大其潜在的应用领域，当然这取决于石墨烯表面的特定官能团。

一般来说，石墨烯化学功能化的方法很多，可以使石墨烯与特定的官能团或分子之间产生非共价或共价键相互作用。实际上，近似理想态的石墨烯是相当稳定的。因此，石墨烯功能化修饰通常需要苛刻的条件和反应性很强的试剂，这通常会对石墨烯样品本身造成严重损坏。

由于只有在改性石墨烯的表面有特殊的官能团，证明它们的存在并确定其与石墨烯之间的化学键性质是非常具有挑战性的。拉曼光谱（RS）是研究石墨烯最便捷的技术之一。对于化学改性得到的单层和多层石墨烯样品，无法直接检测其表面的官能团，但利用拉曼光谱可以获得一些间接信号。本章将介绍利用拉曼光谱研究 CVD 石墨烯化学功能化的最新进展。

## 1.2 CVD 石墨烯的拉曼光谱

RS 是研究和表征石墨烯样品最广泛的手段之一，不仅可以区分单层和双层石墨烯，还可以提供有关石墨烯缺陷、掺杂或应力、应变的信息。已经有很多研究详细报道了拉曼光谱在石墨烯研究中的应用。因此，本节的介绍仅针对不太熟悉石墨烯拉曼光谱的读者。此外，还介绍了一种非常重要的技术——碳同位素标定技术，可用于表征双层和多层 CVD 石墨烯的化学功能化。

### 1.2.1 石墨烯中的声子过程

图 1.1（a）是典型的石墨烯拉曼光谱图，它由 4 个重要波段组成：G 和 2D（也称 G'），以及和缺陷相关的 D 和 D' 峰。纯石墨烯的 G 峰位于拉曼光谱的 1580 $cm^{-1}$ 处，D 峰和 2D（G'）峰分别位于 1250~1450 $cm^{-1}$ 处和 2500~2900 $cm^{-1}$ 处。

这些吸收峰的来源是，石墨烯的晶胞含有 2 个碳原子，就产生了 6 个声子振动模式。在这些模式中，3 个是声学支（A）和 3 个光学支（O）。声学和光学声子分支都由 1 个面外振动（o）和 2 个面内振动（i）组成。面内振动可以平行（L）或垂直（T）于两个最近碳原子的连线。

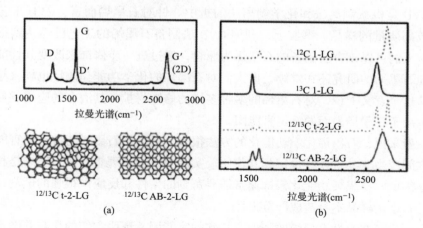

图 1.1 （a）$^{12}$C CVD 法石墨烯的拉曼光谱；（b）比较了 $^{12}$C、$^{13}$C 1-LG 和同位素标记的 t-2-LG 和 AB-2-LG 的拉曼光谱，以及叠加类型（涡轮层流和 AB）的拉曼光谱

由于声子动量守恒的要求，一阶拉曼特征峰来源石墨烯的第一布里渊区的 $\Gamma$ 点附近。iTO 和 iLO 声子分支在 $\Gamma$ 点合并产生石墨烯的 G 峰。换言之，G 峰来源

于 iTO 和 iLO 光学声子相互作用，具有双生成（$E_{2g}$）对称性。

2D 和 D 峰已用双共振理论解释。由于电子—声子散射的选择规则允许激活 iTO 声子连接布里渊 $K$ 点和 $K'$ 点附近的电子态。这种谷间散射过程产生了 2D 峰。

当平移晶体对称性被破坏时，则出现单声子二阶拉曼 D 峰，这可能是由结构中的缺陷引起的。另外，双声子二阶拉曼 2D 峰的出现与结构缺陷无关。因此，D 峰对于量化石墨烯中的缺陷很重要。

另一种与缺陷相关的 D' 峰源于谷间散射过程。D' 峰大约在 1610cm$^{-1}$ 处；因此，它与 G 峰有重叠，特别是在样品掺杂的情况下更为明显。因此，除非缺陷数量很大，通常不分析 D' 峰。

由于 D 和 2D 峰的双重共振性能，它们的拉曼信号既反映了石墨烯的电子结构，也反映了石墨烯中声子的色散关系。故石墨烯拉曼光谱的 D 和 2D 峰都表现出色散行为。因此，当使用不同能量的激光激发时，共振过程中会产生具有不同 $q$ 矢量和不同能量的声子。

### 1.2.2 掺杂和应力应变对 CVD 石墨烯拉曼光谱的影响

CVD 石墨烯样品通常沉积在衬底上，而这些衬底会引起石墨烯的应变和掺杂。在某些情况下，石墨烯和特定衬底的电子态可能会混在一起。因此，在石墨烯二维材料的研究中，衬底具有至关重要的作用。

掺杂时，拉曼光谱 G 和 2D 峰的峰位会发生移动，并且强度也会改变。石墨烯 G 峰的位移与其 C—C 键强度的变化以及声子能量的重整有关。在石墨烯中，因为电子和声子的动力学级数相当，晶格振动和狄拉克费米子之间存在耦合。因此，绝热的玻恩—奥本海默近似（又称绝热近似）似乎无法描述 G 峰声子运动，需要用与时间相关的微扰理论来解释实验现象。在带电石墨烯中，费米能量 $E_F$ 远离狄拉克点，因此电子—空穴对的形成受到抑制。由于电子—空穴相对于狄拉克点的对称性，对于正效应和负效应的掺杂，G 峰的位移应该是相同的。

然而，掺杂也会引起 C—C 键强度的变化。正掺杂将电子从反键轨道上移除，因此预计与 G 峰对应的声子会强化。另外，负掺杂将电子添加到反键轨道，这将导致拉曼信号频率（$\omega_G$）的弱化。声子能量重整和键强度同时发生变化，并且这两种效应会在拉曼光谱实验中叠加。对于正掺杂，这两种效应都会导致声子频率的上升。而负掺杂，则相反。2D（G'）峰对应的频率 $\omega_{2D}$ 也对掺杂敏感。

通常，拉曼光谱可用于识别和量化石墨烯中的应变。应变可以是单轴、双轴或三轴，也可以是组合应变。此外，已经证明在应力作用下石墨烯可以模拟其电子结构，就像将其放置在强大的磁场中一样。应变在拉曼光谱中表现为 G 和 2D

峰，其中 2D 峰会观察到较大的变化。然而，掺杂对 2D 峰也有较大影响；因此我们需要将掺杂和应变的影响分开。

如上所述，G 峰频率对掺杂非常敏感，但对应变不太敏感。另外，2D 峰频率对应变非常敏感，而对掺杂仅略微敏感。因此，即使这两种效应同时存在，也可以将石墨烯样品中应变和掺杂所引起的变化分开。为了正确分析石墨烯样品中的应变和掺杂，有必要测量其拉曼图谱，并从获得的数据中构建相关 2D 和 G 峰频率图。

### 1.2.3 多层石墨烯的拉曼光谱

多层石墨烯的出现代表着二维材料的研究向更复杂的方向迈进了一步。这种新型二维材料中最简单、研究最广泛的代表是双层石墨烯。与单层石墨烯相比，双层石墨烯有一个新的自由参数，即层之间的相对取向。一般来说，随机取向被称为涡轮层双层（t–2LG），另外还有一种特殊情况，当第一层的碳位于第二层六边形中心正上方时被称为 AB 叠层或 Bernal 叠层双层（AB–2–LG）。层的取向反映在电子结构的变化中，尤其是 AB–2–LG 的变化最为明显。

然而，正如最近所证明的，这些层的特定取向也会导致石墨烯的电子结构中形成范霍夫奇点，甚至导致超导或莫特绝缘态。由于多层石墨烯的取向可以任意设置，这些结果为实现具有可调电子结构的器件开辟了道路。具有确定层数的多层石墨烯可以通过转移一层石墨烯层到另外一层石墨烯层上来制备。通过转移法制备的双层石墨烯通常是涡轮层状的，它们不遵循石墨层的顺序。最近的研究发现，通过使用特殊的转移平台，可以微调层之间的角度。对于 AB 结构的堆叠石墨烯，还可以通过调控 CVD 法制备石墨烯的条件，从而形成双层/多层结构。

RS 可用于区分 1–LG 和 AB–2–LG，唯一的区别是 AB–2–LG 的 2D 峰变宽及对称性的变化。t–2LG 的光谱通常与 1–LG 的光谱没有差异。然而，对于石墨烯层之间的某些特定角度，可以观察到由于与范霍夫奇点共振而导致的拉曼信号的强烈增强。使用 $^{13}C$ 同位素标记，根据公式（1.1），石墨烯特征的拉曼频率移动到较低的频率：

$$(\omega_0 - \omega)/\omega_0 = 1 - \left[(12 + c_0)/(12 + c)\right]^{1/2} \qquad (1.1)$$

式中，$\omega_0$ 为 $^{12}C$ 样品中特定拉曼模式的频率；$c = 0.99$ 为富集样品中 $^{13}C$ 的浓度；$c_0 = 0.0107$ 为 $^{13}C$ 的自然丰度。

这样，如果我们用 $^{12}C$ 层和 $^{13}C$ 层组成双层石墨烯（2–LG），就有可能区分

2-LG 的顶层和底层。因此，同位素标定可以更深入地理解双层石墨烯的化学功能化，也使其成为研究双层石墨烯必不可少的工具。

当采用同位素标记时，双层石墨烯中石墨烯层的堆叠顺序也可通过 RS 确认。图 1.1（b）为涡轮层和 AB 叠加的双层石墨烯 2-LG 的拉曼光谱。对于 AB 叠加和涡轮层状石墨烯，均有两个 G 峰，对应于顶部和底部石墨烯层。然而，二者的 G′（2D）峰峰型不同，涡轮层 2-LG 有两种峰，而 AB 叠层 2-LG 则只有一个宽峰。这可以通过拉曼测量过程中涉及的声子数量来合理解释。

### 1.2.4 CVD 石墨烯的拉曼光谱缺陷特征

与传统半导体一样，石墨烯中的缺陷会严重影响其性能，并可能对材料的性能产生有害或有益的影响。有害影响有随着缺陷含量的增加，电子迁移率降低或力学性能下降。石墨烯中通常包含许多类型的缺陷，包括结构（类 $sp^2$）缺陷、拓扑（类 $sp^2$）缺陷、掺杂或功能化（类 $sp^2$ 和类 $sp^3$）缺陷以及空位/边缘型缺陷（非类 $sp^2$）。

这些缺陷在石墨烯的拉曼图谱中也有特征指纹。缺陷的类型和数量可以通过监测 D/G 和 D/G′ 峰强度的比值来评估。

缺陷的评估对于 CVD 石墨烯的化学功能化也非常重要，因为任何共价或非共价相互作用都可能被视为一种缺陷。因此，可以通过监测 D、D′ 与 G 和 2D 峰的强度之比，来判断和评估化学官能化程度。

另一个重要问题是基于受缺陷影响的区域大小，这主要对多层石墨烯样品影响较大。

就单层石墨烯而言，研究表明在距离缺陷位置约 1.8nm 处可以观察到缺陷的影响。由于双层石墨烯层之间的距离约为 0.335nm，因此有一个必须要考虑的问题，即缺陷是否也会影响相邻层。然而，对缺陷位置的判断通常相当困难，因为两个石墨烯层的 D 峰位置相同。但是借助同位素标记，可以区分顶层和底层的缺陷。

## 1.3 功能化 CVD 石墨烯的拉曼光谱

### 1.3.1 CVD 石墨烯的化学功能化

一般来说，石墨烯功能化的方法有很多种，但其中大部分是在液相中进行。由于即使使用超高纯度溶剂，石墨烯表面也很容易受到污染，因此大多数用于化学剥离石墨烯薄片的方法并不适合CVD石墨烯的功能化。涉及CVD石墨烯功能化的大多数工作基于重氮化学，但重氮化学的方法仍有一定的风险，它会导致缺陷形成、层移除甚至完全损坏。CVD石墨烯对在液相中进行的大多数化学过程都有不同的反应性，这是因为它的反应性受衬底材质及纹理、掺杂的强烈影响。到目前为止，化学方法以及气相中的各种反应如氢化或氟化都已成功应用在CVD石墨烯上。其中，最简单的方法是使用$XeF_2$进行氟化。不仅如此，得到的氟化CVD石墨烯是非常理想的原料，可以通过温和的反应引入各种有机基团，如图1.2所示。

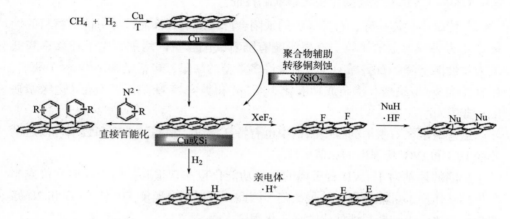

图1.2　在化学气相沉积石墨烯上锚定各种化学物质的一般方法

## 1.3.2　氟化CVD石墨烯的拉曼光谱

氟化石墨烯通常被称为氟石墨烯，最早是由Nair等使用$XeF_2$在略微升高的温度的条件下制备的。所得产品在空气中的热稳定性最高可达到400℃。拉曼光谱研究表明随氟化程度的增加，缺陷的相关特征峰增强主要表现为1350 $cm^{-1}$处D峰强度的持续增加以及2D峰的降低。直到所有D、2D和G峰消失，氟化过程才完成。

此外，由于$XeF_2$气体对Si衬底的有效刻蚀，在Si衬底上实现了正面和背面氟化CVD石墨烯的制备。这种效应通过在铜箔上氟化石墨烯得到证实，因为铜衬底不能被$XeF_2$深度刻蚀。拉曼光谱还表明氟化后的石墨烯具有高度的无序结构。

目前，已通过$XeF_2$对2-LG进行氟化处理，由于2-LG可以当作石墨烯基板上的1-LG，因此它可以作为模型来研究衬底在石墨烯反应性中的作用。此外，

# 第 1 章 化学功能化 CVD 石墨烯的拉曼光谱

还可以通过比较 t-2-LG 和 AB-2-LG 的反应性来评估石墨烯的特定取向相对于衬底的作用。为避免不同影响因素和污染的干扰，需要选择合适的测试反应，如 $XeF_2$ 的清洁氟化。为确保在同等条件下比较石墨烯在不同衬底上的反应性，需要制作一系列样品（如单层石墨烯、t-2LG 和 AB-2LG，它们都需要放置在相同的 $Si/SiO_2$ 衬底上）。

如前所述，石墨烯的反应性可以通过拉曼光谱很方便地进行判断，因为较高的氟化程度对应于拉曼光谱中较强的 D 峰。氟化前后 RSp 的比较如图 1.3 所示。图 1.3（a）为 1-LG、同位素标记的 t-2LG 和 AB-2LG 氟化前后的 RSp；图 1.3（b）为非氟化和氟化同位素标记 2-LG 的 $^{12}C$ 顶层 G 峰频率直方图；图 1.3（c）为同位素标记的非氟化和氟化 2-LG 的 $^{13}C$ 底层 G 峰频率直方图具有最高反应性的为单层石墨烯 1-LG，反应后的 D 峰增强证明了这一点。t-2-LG 的反应性较小，代表石墨烯衬底的石墨烯。AB-2-LG 的反应性最小。这些结果证明了石墨烯相对于石墨烯衬底的取向对石墨烯反应性很重要。值得一提的是，在双层石墨烯的底层也观察到了 D 峰。但这并不意味着底层被氟化（需要注意的是，石墨烯氟化常用于确定单层石墨烯上生长的叠加层的位置，因为只有顶层才会被氟化）。

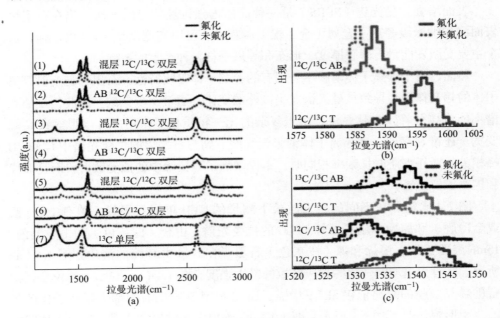

图 1.3 氟化石墨烯的 RSp

在上述情况中，D 峰来源于底层声子与顶层缺陷的相互作用。通过同位素标记方法，可以区分顶层和底层的 D 峰。因此，结果不受底层声子和顶层缺陷相互作用的影响。对于双层石墨烯，同位素标记还能区分功能化对顶层和底层掺杂的影响。但这些必须用拉曼成像来研究，并使光谱参数严格相关，以避免局部不均匀性。

图1.3（b）显示了氟化前后石墨烯表面的G峰频率分布。因为氟官能团从石墨烯中吸收电子，和预期一样，氟化后G峰的频率明显增加。对于双层石墨烯t-2-LG，因氟含量更高，这种官能团效应更明显一些。图1.3（c）显示了石墨烯底层G峰频率分布。对于t-2-LG，底层与表层的G峰类似。对于AB-2-LG石墨烯，也几乎没有变化。这与其电化学掺杂时的行为很类似，表明AB-2-LG的表层和底层之间几乎没有电荷转移。

### 1.3.3 CVD石墨烯的表面增强拉曼光谱

干扰增强拉曼光谱（IERS）通常是使用具有特定厚度覆有金属氧化物层的硅衬底来增强拉曼信号。特别是对于硅晶片上（有300nm厚的$SiO_2$层）的石墨烯单层，其强度可增加近30倍，所以这类衬底在石墨烯的研究中很常见。当石墨烯被放置在其他任何衬底上时，拉曼信号峰都显著降低。

表面增强拉曼光谱（SERS）是一种简便增强拉曼信号的方法。当在石墨烯表面沉积纳米级等离子金属（金、银）薄膜时，可以实现高达1000倍增强，这个主要受激发能量、薄膜厚度、形态和等离子材料种类等的影响。

然而，由于等离子体薄膜本身固有的等离子体吸收特性，石墨烯与金属等离子体的相互作用会导致拉曼光谱发生额外的变化，通常比较分散。因此，拉曼光谱不能直接分峰，也就是说，由于复杂的光—物质相互作用，可以观察到G峰变宽。还可观察到，当等离子体纳米天线调节到与石墨烯的拉曼光谱中G和2D峰相关的斯托克斯波长频率相同时，不仅增强了石墨烯中的拉曼散射，而且取代和扩宽了拉曼峰。

图1.4比较了在不同的激发波长下测量的CVD单层石墨烯（覆有10nm银或金薄膜）和原始单层石墨烯1-LG的拉曼光谱。由金（深灰色）和银（黑色）15nm层覆盖的石墨烯和裸（浅灰色）石墨烯在RSp中G峰的演化如图1.4（a）所示。所有光谱均归一化为相应区域的最大强度。图1.4（b）显示了同位素标记石墨烯双层膜的距离依赖SERS增强。通过AFM获得的石墨烯上等离子体薄膜的典型形貌如图1.4（c）所示。图1.4（d）给出了不同厚度金膜的等离子体吸收特性的演变很明显，金属在石墨烯上的沉积会导致拉曼光谱的明显位移。拉曼光谱中G和2D峰都有明显位移，半峰宽和强度也都发生了变化，G峰变宽并向较低能量区移动。同样明显的是，在拉曼激发波长区间内，涂覆纳米金层的石墨

烯的拉曼光谱峰峰宽要大得多，而且它在很大程度上取决于金层和银层的激光激发能量。纳米银的最大峰宽通常在514nm处，而金层的最大峰宽在647nm和785nm之间。这与银和金薄膜的等离子体特性非常吻合。除了信号增强外，拉曼波段的位置和半高宽也发生了显著变化，可以解析G峰代表的精确结构。

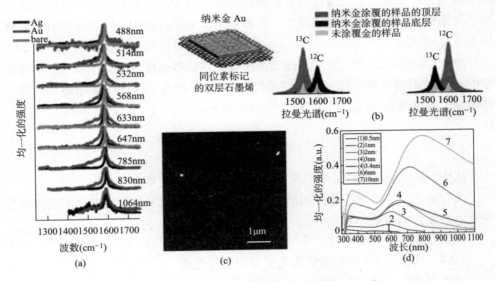

图1.4　CVD法石墨烯的相关表征

当激光激发能量与金属的等离子体频率一致时，对拉曼光谱的影响更强。与纳米银相比，纳米金与石墨烯的相互作用更强。可以通过两种效应的协同作用来解释观察到的现象。首先，镀银样品会迅速形成氧化/磺化的表面层，导致金属和石墨烯的去耦。其次，在实验中使用的激发能量区间内，表面等离子体极化—石墨烯的相互作用在镀金样品中占主导地位。2D散射峰的斜率也受金属—石墨烯相互作用的影响，对于镀金的石墨烯样品来说影响更大。相对于石墨烯与银层较弱的相互作用，用纳米金覆盖的方法更便于将表面增强拉曼光谱应用于功能化单层石墨烯的研究，因其信号增强要大得多，而且对石墨烯的特征峰影响较小。

表面增强拉曼光谱也可以应用于双层和多层石墨烯的研究。单层石墨烯1-LG中增强拉曼光谱的实验增强因子对G峰的影响高于2D峰，而在多层石墨烯中，对G和2D峰的增强几乎相同。这表明单层石墨烯中的G峰容易受到表面增强拉曼光谱的影响。增强因子的这种趋势也反映在拉曼光谱2D和G峰强度（$I_{2D}/I_G$）比值上，单层石墨烯在等离子体薄膜沉积后降低了约50%，而多层石墨

烯中的 $I_{2D}/I_G$ 值受影响较小。

最近，通过同位素标定双层石墨烯来研究距离对表面增强拉曼光谱增强的影响，但此方法不适用于标定多层石墨烯。图1.4（b）表示的是由 $^{12}C$ 石墨烯层、$^{13}C$ 石墨烯层和15nm金层组成的"三明治"异质结构的，拉曼光谱，结果表明整体信号显著增强。然而，靠近金层的石墨烯层的信号强于离金层更远的石墨烯层的信号。与未覆盖金的石墨烯形成对比，未覆盖纳米金的石墨烯表层和底层的G峰强度几乎是相同的。

更详细的分析表明，根据表面增强拉曼光谱信号强度的距离依赖性，信号强度的变化与距离等离子体薄膜紧邻层约0.34nm处等离子体产生的电磁场的降低相匹配，可根据公式（1.2）在 $E^4$ 近似值内计算：

$$I(r) = \left(\frac{a+r}{a}\right)^{-10} \tag{1.2}$$

式中，$a$ 为场增强特征的曲率半径；$r$ 为表面吸附距离。

研究还表明，等离子体膜的形态（粒径大小和形状）是石墨烯表面增强拉曼光谱的重要影响因素。

### 1.3.4 功能化CVD石墨烯的表面增强拉曼光谱

尽管在解释石墨烯的表面增强拉曼光谱时存在一定的困难，但该方法已经证明可以有效地直接观察固定在CVD石墨烯上的各种化学基团。由于石墨烯或功能化石墨烯的表征方法在数量、灵敏度和实验条件上都受到限制，因此在非Si/$SiO_2$衬底上对石墨烯进行功能化的方法非常复杂。如上所述，拉曼光谱通常用于研究石墨烯的功能化，这是由于其 $sp^2$ 碳晶格中产生的 $sp^3$ 缺陷会导致D峰的出现。但这一特征并不能说明功能化真正的化学性质。其中表面增强拉曼光谱因其存在指纹性特征拉曼谱带，是最有望揭示接枝官能团的表征方法。

首次采用表面增强拉曼研究化学功能化石墨烯，选择的是铜衬底上的石墨烯。在气相中使用 $XeF_2$ 对石墨烯进行氟化，随后通过含S—、N—和O—的亲核试剂进行亲核交换。作为参照，选择了氟化石墨烯与苯硫酚在气相中进行反应，使氟原子被硫（苯硫烷基）亲核取代。采用633nm激发激光条件对铜衬底上的原始石墨烯进行测量，分别在1586$cm^{-1}$ 和2658$cm^{-1}$ 处出现了特征峰G和2D。氟化导致在1343$cm^{-1}$ 处出现D峰，并伴随着2D峰强度的显著降低和G峰向1596$cm^{-1}$ 位移。在气相中与苯硫酚反应后，$I_{2D}/I_D$ 峰强度比增加，从G峰分离出的D'峰（1621$cm^{-1}$）向低波数（1584$cm^{-1}$）移动。在铜衬底上进行功能化的石墨烯，由于衬底的等离子体增强效果，在光谱中观察到了特征性苯硫基带，而在 Si/SiO$_2$ 上，这些信号仅在银膜沉积且采用表面增强拉曼光谱检测时才能看到。一般来说，采用拉曼光谱测试以铜为衬底的石墨烯，可以显示出典型的石墨烯特征峰和由于拉曼增强导致的特殊官能团的特征峰。

图 1.5 显示了 SiO$_2$/Si 衬底上 CVD 石墨烯与硫酚共价功能化的示例，反应路线如图 1.5（d）所示。图 1.5（a）为典型的石墨烯的拉曼光谱。由图可见，G 和 2D 峰强明显，未见 D 和 D' 峰，表明其缺陷的数量可以忽略不计。XeF$_2$ 氟化后，出现了显著的 D 和 D' 峰，表明该氟化过程是成功的[图 1.5（b）]。但并不能由此得出相关缺陷峰来自 C—F 键，或是由于氟化而产生的缺陷这一结论。因为将氟交换为苯磺酰[图 1.5（c）]后，拉曼光谱并没有发生显著变化。所以很难确定交换反应是部分进行、全部进行或根本没有发生。这个时候通常需要结合其他技术方法，例如 X 射线光电子能谱等，即使这样也没有明确的证据表明分子之间存在共价作用。

只有在表面增强拉曼光谱中出现某个官能团的特征峰时，才可以确定官能化是否发生。在用等离子体薄膜覆盖功能化 CVD 石墨烯后，随着苯硫基固有特征峰的出现，黑色箭头标记了苯磺胺基峰的位置，拉曼光谱发生明显变化[图 1.5（e）]。与纯苯硫酚的谱图相比[图 1.5（f）]，功能化石墨烯的拉曼光谱[图 1.5（e）]在 2600cm$^{-1}$ 附近没有 $\nu$-SH 拉曼振动，表明共价耦合作用将苯硫基接枝到了石墨烯上。

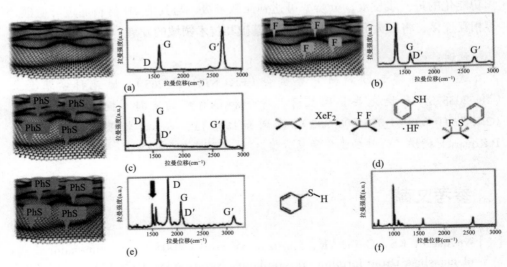

图 1.5 拉曼光谱和表面增强拉曼光谱跟踪检测 CVD 石墨烯化学功能化

在上述研究的基础上，很容易将表面增强拉曼光谱检测扩展到探究功能化的双层和多层石墨烯上，并从同位素标定中的各个层获得有益的信息。这对于进一步研究具有独特拉曼光谱特征的多种化学物质功能化改性的单层、双层和多层 CVD 石墨烯具有非常重要的作用。

## 1.4 结论与展望

一般来说，石墨烯和其他 2D 材料是构建新型材料的基本单元。它们可以通过化学官能化以及精准的构建电子结构来调控其优异性能，这种可调节性将在未来几年促进纳米科学和纳米技术的革新。

先进的拉曼光谱法是研究 CVD 石墨烯的一个非常有用的工具。采用同位素标记法标记石墨烯的每一层，通过拉曼光谱对多层石墨烯进行表征，而表面增强拉曼光谱是研究功能化石墨烯的有力工具，它可以直接观察固定在单层、双层 CVD 石墨烯上的各种化学基团，从而提供化学键的特征信号，这是其他技术很难达到的。这种方法的普适性还体现在它可以扩展到很多种不同的化学反应中，而这些反应可以进一步应用到其他 2D 材料的研究工作中。一般情况下，2D 材料可能不会对外部作用（如掺杂）产生强烈响应，但如果石墨烯放置在该类材料的上方或下方，可以起到探针的作用，从而容易感知这些变化。同时随着石墨烯化学功能化的进一步发展，分辨率可达到亚微米级，与其他 2D 材料通过可逆耦合等相互连接，将极大促进 2D 材料应用基础和技术领域的发展。

致谢：

这项工作得到欧洲研究委员会（ERCSTG-716265）、捷克科学基金会（18-20357S）和捷克共和国教育、青年和体育部的支持（捷克克拉特项目 02.1.01/0.0/0.0/16_026/0008382）。感谢布拉格 J.Heyrovsky 物理化学研究所的 P.Kovariek 提供了化学功能化的总方案。

## 参考文献

[1] Novoselov KS, Geim AK, Morozov SV et al（2005）Two-dimensional gas of massless Dirac fermions in graphene. Nature 438：197-200. https：//doi.org/10.1038/nature04233

[2] Cao Y, Fatemi V, Fang S et al（2018）Unconventional superconductivity in magic-angle graphene superlattices. Nature 556: 43

[3] Si C, Sun Z, Liu F（2016）Strain engineering of graphene: a review. Nanoscale 8: 3207-3217. https://doi.org/10.1039/C5NR07755A

[4] Levy N, Burke SA, Meaker KL et al（2010）Strain-induced pseudo-magnetic fields greater than 300 tesla in graphene nanobubbles. Science 329: 544-547. https://doi.org/10.1126/science.1191700

[5] Yang K, Wang J, Chen X et al（2018）Application of graphene-based materials in water purification: from the nanoscale to specific devices. Environ Sci Nano 5: 1264-1297. https://doi.org/10.1039/C8EN00194D

[6] Fiori G, Bonaccorso F, Iannaccone G et al（2014）Electronics based on two-dimensional materials. Nat Nanotechnol 9: 768

[7] Koppens FHL, Mueller T, Avouris P et al（2014）Photodetectors based on graphene, other two-dimensional materials and hybrid systems. Nat Nanotechnol 9: 780

[8] Kostarelos K, Novoselov KS（2014）Graphene devices for life. Nat Nanotechnol 9: 744

[9] Han W, Kawakami RK, Gmitra M, Fabian J（2014）Graphene spintronics. Nat Nanotechnol 9: 794

[10] Yi M, Shen Z（2015）A review on mechanical exfoliation for the scalable production of graphene. J Mater Chem A 3: 11700-11715. https://doi.org/10.1039/c5ta00252d

[11] Xu Y, Cao H, Xue Y et al（2018）Liquid-phase exfoliation of graphene: an overview on exfoliation media, techniques, and challenges. Nano 8. https://doi.org/10.3390/nano8110942

[12] Kauling AP, Seefeldt AT, Pisoni DP et al（2018）The worldwide graphene flake production. Adv Mater 30: 1803784. https://doi.org/10.1002/adma.201803784

[13] Li X, Cai W, An J et al（2009）Large-area synthesis of high-quality and uniform graphene films on copper foils. Science 324: 1312-1314. https://doi.org/10.1126/science.1171245

[14] Reina A, Son H, Jiao L et al（2008）Transferring and identification of single- and few-layer graphene on arbitrary substrates. J Phys Chem C 112: 17741-17744. https://doi.org/10.1021/jp807380s

[15] Plutnar J, Pumera M, Sofer Z（2018）The chemistry of CVD graphene. J Mater Chem C 6: 6082-6101. https://doi.org/10.1039/c8tc00463c

[16] Son J, Lee S, Kim SJ et al（2016）Hydrogenated monolayer graphene with reversible and tunable wide band gap and its field-effect transistor. Nat Commun 7: 13261. https://doi.org/10.1038/ncomms13261

[17] Jin Z, McNicholas TP, Shih CJ et al（2011）Click chemistry on solution-

dispersed graphene and monolayer CVD graphene. Chem Mater 23: 3362–3370. https://doi.org/10.1021/cm201131v

[18] Bottari G, Herranz MÁ, Wibmer L et al (2017) Chemical functionalization and characterization of graphene-based materials. Chem Soc Rev 46: 4464–4500. https://doi.org/10.1039/C7CS00229G

[19] Kaplan A, Yuan Z, Benck JD et al (2017) Current and future directions in electron transfer chemistry of graphene. Chem Soc Rev 46: 4530–4571. https://doi.org/10.1039/c7cs00181a

[20] Greenwood J, Phan TH, Fujita Y et al (2015) Covalent modification of graphene and graphite using diazonium chemistry: tunable grafting and nanomanipulation. ACS Nano 9: 5520–5535. https://doi.org/10.1021/acsnano.5b01580

[21] Niyogi S, Bekyarova E, Itkis ME et al (2010) Spectroscopy of covalently functionalized graphene. Nano Lett 10: 4061–4066. https://doi.org/10.1021/nl1021128

[22] Malard LM, Pimenta MA, Dresselhaus G, Dresselhaus MS (2009) Raman spectroscopy in graphene. Phys Rep 473: 51–87. https://doi.org/10.1016/j.physrep.2009.02.003

[23] Jorio A, Dresselhaus MS, Riichiro Saito GD (2011) Raman spectroscopy in graphene related systems. Weinheim, Wiley-VCH Verlag GmbH

[24] Cançado LG, Jorio A, Ferreira EHM et al (2011) Quantifying defects in graphene via Raman spectroscopy at different excitation energies. Nano Lett 11: 3190–3196. https://doi.org/10.1021/nl201432g

[25] Frank O, Kavan L, Kalbac M (2014) Carbon isotope labelling in graphene research. Nanoscale 6: 6363–6370. https://doi.org/10.1039/C4NR01257G

[26] Saito R, Jorio A, Souza Filho AG et al (2001) Probing phonon dispersion relations of graphite by double resonance Raman scattering. Phys Rev Lett 88: 27401. https://doi.org/10.1103/PhysRevLett.88.027401

[27] Eckmann A, Felten A, Mishchenko A et al (2012) Probing the nature of defects in graphene by Raman spectroscopy. Nano Lett 12: 3925–3930. https://doi.org/10.1021/nl300901a

[28] Lazzeri M, Mauri F (2006) Nonadiabatic Kohn anomaly in a doped graphene monolayer. Phys Rev Lett 97: 266407. https://doi.org/10.1103/PhysRevLett.97.266407

[29] Yan J, Zhang Y, Kim P, Pinczuk A (2007) Electric field effect tuning of Electron-phonon coupling in graphene. Phys Rev Lett 98: 166802. https://doi.org/10.1103/PhysRevLett.98.166802

[30] Das A, Pisana S, Chakraborty B et al (2008) Monitoring dopants by Raman scattering in an electrochemically top-gated graphene transistor. Nat Nanotechnol 3: 210–215. https://doi.org/10.1038/nnano.2008.67

[31] Verhagen T, Vales V, Frank O et al（2017）Temperature-induced strain release via rugae on the nanometer and micrometer scale in graphene monolayer. Carbon N Y 119: 483–491. https：//doi.org/10.1016/j.carbon.2017.04.041

[32] Lee JE, Ahn G, Shim J et al（2012）Optical separation of mechanical strain from charge doping in graphene. Nat Commun 3: 1024. https：//doi.org/10.1038/ncomms2022

[33] Verhagen TGA, Drogowska K, Kalbac M, Vejpravova J（2015）Temperature-induced strain and doping in monolayer and bilayer isotopically labeled graphene. Phys Rev B Condens Matter Mater Phys 92: 125437. https：//doi.org/10.1103/PhysRevB.92.125437

[34] Kalbac M, Frank O, Kong J et al（2012）Large variations of the Raman signal in the spectra of twisted bilayer graphene on a BN substrate. J Phys Chem Lett 3: 796–799. https：//doi.org/10.1021/jz300176a

[35] Jorio A, Cançado LG（2013）Raman spectroscopy of twisted bilayer graphene. Solid State Commun 175-176: 3–12. https：//doi.org/10.1016/j.ssc.2013.08.008

[36] Fang W, Hsu AL, Caudillo R et al（2013）Rapid identification of stacking orientation in isotopically labeled chemical-vapor grown bilayer graphene by Raman spectroscopy. Nano Lett 13: 1541–1548. https：//doi.org/10.1021/nl304706j

[37] Costa SD, Ek Weis J, Frank O, Kalbac M（2016）Effect of layer number and layer stacking registry on the formation and quantification of defects in graphene. Carbon N Y 98: 592–598. https：//doi.org/10.1016/j.carbon.2015.11.045

[38] Terrones H, Lv R, Terrones M, Dresselhaus MS（2012）The role of defects and doping in 2D graphene sheets and 1D nanoribbons. Rep Prog Phys 75: 62501. https：//doi.org/10.1088/0034-4885/75/6/062501

[39] Banhart F, Kotakoski J, Krasheninnikov AV（2011）Structural defects in graphene. ACS Nano 5: 26–41. https：//doi.org/10.1021/nn102598m

[40] Frank O, Vejpravova J, Kavan L, Kalbac M（2013）Raman spectroscopy investigation of defect occurrence in graphene grown on copper single crystals. Phys Status Solidi Basic Res 250: 2653. https：//doi.org/10.1002/pssb.201300065

[41] Jorio A, Lucchese MM, Stavale F et al（2010）Raman study of ion-induced defects in N-layer graphene. J Phys Condens Matter 22: 334204. https：//doi.org/10.1088/0953-8984/22/33/334204

[42] Paulus GLC, Wang QH, Strano MS（2013）Covalent electron transfer chemistry of graphene with diazonium salts. Acc Chem Res 46: 160–170. https：//doi.org/10.1021/ar300119z

[43] Wang QH, Jin Z, Kim KK et al（2012）Understanding and controlling the substrate effect on graphene electron-transfer chemistry via reactivity imprint lithography. Nat Chem 4: 724–732.https：//doi.org/10.1038/nchem.1421

[44] Plšek J, Kovaříček P, Valeš V, Kalbáč M (2017) Tuning the reactivity of graphene by surface phase orientation. Chem Eur J 23: 1839–1845. https://doi.org/10.1002/chem.201604311

[45] Fan X, Nouchi R, Tanigaki K (2011) Effect of charge puddles and ripples on the chemical reactivity of single layer graphene supported by $SiO_2$/Si substrate. J Phys Chem C 115: 12960–12964. https://doi.org/10.1021/jp202273a

[46] Whitener KE (2018) Review article: hydrogenated graphene: a user's guide. J Vac Sci Technol A 36: 05G401. https://doi.org/10.1116/1.5034433

[47] Drogowska K, Kovaříček P, Kalbáč M (2017) Functionalization of hydrogenated chemical vapour deposition-grown graphene by on-surface chemical reactions. Chem Eur J 23: 4073–4078. https://doi.org/10.1002/chem.201605385

[48] Nair RR, Ren W, Jalil R et al (2010) Fluorographene: a two-dimensional counterpart of Teflon. Small 6: 2877–2884. https://doi.org/10.1002/smll.201001555

[49] Wang B, Wang J, Zhu J (2014) Fluorination of graphene: a spectroscopic and microscopicstudy. ACS Nano 8: 1862–1870. https://doi.org/10.1021/nn406333f

[50] Feng W, Long P, Feng Y, Li Y (2016) Two-dimensional fluorinated graphene: synthesis, structures, properties and applications. Adv Sci 3: 1500413. https://doi.org/10.1002/advs.201500413

[51] Kovaříček P, Bastl Z, Valeš V, Kalbac M (2016) Covalent reactions on chemical vapor deposition grown graphene studied by surface-enhanced Raman spectroscopy. Chem Eur J 22: 5404–5408. https://doi.org/10.1002/chem.201504689

[52] Kovaříček P, Vrkoslav V, Plšek J et al (2017) Extended characterization methods for covalent functionalization of graphene on copper. Carbon N Y 118: 200–207. https://doi.org/10.1016/j.carbon.2017.03.020

[53] Robinson JT, Burgess JS, Junkermeier CE et al (2010) Properties of fluorinated graphene films. Nano Lett 10: 3001–3005. https://doi.org/10.1021/nl101437p

[54] Ek Weis J, Costa SD, Frank O et al (2015) Fluorination of isotopically labeled turbostratic and bernal stacked bilayer graphene. Chem Eur J 21: 1081–1087. https://doi.org/10.1002/chem.201404813

[55] Wang YY, Ni ZH, Shen ZX et al (2008) Interference enhancement of Raman signal of graphene. Appl Phys Lett 92: 43121. https://doi.org/10.1063/1.2838745

[56] Stiles PL, Dieringer JA, Shah NC, Van Duyne RP (2008) Surface-enhanced Raman spectroscopy SERS: surface-enhanced Raman spectroscopy Raman scattering: inelastic scattering of a photon from a molecule in which the frequency change precisely matches the difference in vibrational energy levels. Annu Rev Anal Chem 1: 601–626. https://doi.org/10.1146/annurev.anchem.1.031207.112814

[57] Schedin F, Lidorikis E, Lombardo A et al (2010) Surface-enhanced Raman

spectroscopy of graphene. ACS Nano 4: 5617-5626. https://doi.org/10.1021/nn1010842

［58］Lee J, Shim S, Kim B, Shin HS (2011) Surface-enhanced Raman scattering of single-and few-layer graphene by the deposition of gold nanoparticles. Chem Eur J 17: 2381-2387. https://doi.org/10.1002/chem.201002027

［59］Hu Y, López-Lorente ÁI, Mizaikoff B (2019) Graphene-based surface enhanced vibrational spectroscopy: recent developments, challenges, and applications. ACS Photonics 6: 2182.https://doi.org/10.1021/acsphotonics.9b00645

［60］Zhu X, Shi L, Schmidt MS et al (2013) Enhanced light-matter interactions in graphene-covered gold nanovoid arrays. Nano Lett 13: 4690-4696. https://doi.org/10.1021/nl402120t

［61］Weis JE, Vejpravova J, Verhagen T et al (2018) Surface-enhanced Raman spectra on graphene. J Raman Spectrosc 49: 168-173. https://doi.org/10.1002/jrs.5228

［62］Ghamsari BG, Olivieri A, Variola F, Berini P (2015) Frequency pulling and line-shape broadening in graphene Raman spectra by resonant Stokes surface plasmon polaritons. Phys Rev B 91: 201408. https://doi.org/10.1103/PhysRevB.91.201408

［63］Economou EN (1969) Surface plasmons in thin films. Phys Rev 182: 539-554. https://doi.org/10.1103/PhysRev.182.539

［64］Rai VN, Srivastava AK, Mukherjee C, Deb SK (2012) Surface enhanced absorption and transmission from dye coated gold nanoparticles in thin films. Appl Opt 51: 2606. https://doi.org/10.1364/AO.51.002606

［65］Sutrová V, Šloufová I, Mojžeš P et al (2018) Excitation wavelength dependence of combined surface- and graphene-enhanced Raman scattering experienced by free-base phthalocyanine localized on single-layer graphene-covered Ag nanoparticle arrays. J Phys Chem C 122: 20850-20860. https://doi.org/10.1021/acs.jpcc.8b06218

［66］Kalbac M, Vales V, Vejpravova J (2014) The effect of a thin gold layer on graphene: a Raman spectroscopy study. RSC Adv 4: 60929. https://doi.org/10.1039/c4ra11270a

［67］Nan H, Chen Z, Jiang J et al (2018) The effect of graphene on surface plasmon resonance of metal nanoparticles. Phys Chem Chem Phys 20: 25078-25084. https://doi.org/10.1039/c8cp03293a

# 第 2 章　石墨材料在电磁兼容领域的应用

**Octavian Baltag　Georgiana Rosu**

## 2.1　引言

　　James Clerk Maxwell 于 1864 年提出了电磁波存在的理论基础，1886 年 Heinrich Hertz 实现了电磁波的产生及探测，自此开启了电磁通信的时代。1894 年 Oliver Lodge 在实验室里建立了第一套电磁波传输—接收系统，随后 Gugliemo Marconi 在 1895 年实现了第一套传输距离为 2 公里的无线电报通信系统。Nikola Tesla 认为无线电传输是一种应用前景很广阔的技术，但因该技术危险性高而没有实际完成。美国军方意识到远距离通信所具有的巨大潜力远超过当时所能知的范围。1899 年，无线电报被用于美国军舰，随后被用于民用通信。但是由于广播系统使用相同频谱的电磁波发生器，因此存在干扰，导致消息接收变得困难且信息难以理解。这时，第一个严重的问题出现了，即现在所谓的电磁兼容性（EMC），即射频干扰（RFI）。因此，世界各地对 EMC 电磁兼容都有法规层面的要求。需要为电报站以及属于军队和私营部门的新无线电台分配不同频率的波段。第二次世界大战促进了电子和雷达通信的发展，但也导致了一些严重的问题，尤其是在军事通信的安全方面，包括空中、海上和陆地，这促使美国海军在战后制定了第一个 RFI 标准。更严重的灾难性问题是核电磁脉冲（NEMP），它是核试验的结果。

　　随着时间的推移，由于铁路运输中电力的使用、电网密度的增加，以及家用设备使用的增加，电磁场的水平和频谱变得越来越复杂。当人们处于这些电磁场中，会出现某些特殊的生理和医学行为症状。为了抵御这些电磁场，人们研究了不同类型材料的电磁屏蔽性能。最早使用的屏蔽材料是金属材料，如钢、铜、银、金，它们具有非常好的屏蔽性能，但由于其质量密度高，应用受到限制。为此，人们采用了密度小的碳材料作为电磁屏蔽材料。石墨是碳的两种同素异形体之一，其原子网络也称为分层网络，是碳原子以六边形结构规则排列所构成的平行的平面片层。且与金属相比，石墨的化学稳定性更高。

## 2.2 研究现状

国际法规和标准已根据人类活动区域对电场、磁场和电磁场（EMF）的频谱和强度制定了明确的限制。为了减少电磁对人类健康的影响，根据专业或日常活动，将电磁防护材料分为两类：专业用途材料（Ⅰ类）和一般用途材料（Ⅱ类）。该领域的研究一直致力于制定有关电磁污染源的新法规，以及新人体保护技术和产品的开发及应用。

目前，具有屏蔽性能的纺织复合材料和纺织产品可作为电磁屏蔽材料使用。人们已经开发了多种纺织材料（如复合结构的织物、针织物和机织物），并对其进行了表征和分析。这些材料具有不同的参数和结构，由于纱线包含了非晶磁性纱线、铜纱线、银纱线和不锈钢丝等或者嵌入石墨粉的纱线，它们表现出对电磁场特有的电磁特性。此外，金属纤维不仅成为制造机织物和针织物的纱线，还可以通过化学沉积、溅射等方法将其制成金属涂层纺织品。

石墨烯在太赫兹频率范围的屏蔽和避免电磁干扰的应用是一个特别值得关注的领域。有文献报道由石墨烯基超材料制成的器件，其参数可由电子控制，可用于太赫兹范围内的主动滤波和可调谐频率的研究。有一些专利介绍了制备类似石墨烯结构的具体技术。Andryieuski 等报道使用等离子体共振在 0.4THz 频率范围内研究了石墨烯器件的吸收特性，表明其可能应用于调制器、偏振器、可调滤波器等。另一种成本相对较低的技术是使用丝网印刷方法来制备基于含碳材料的具有屏蔽性能的装置。

其他研究则是通过适当的技术将铜、银和碳的导电颗粒应用于纺织品，以制备导电纺织材料。近年来，研究者更关注将导电聚合物，如聚乙炔、聚吡咯和聚苯胺应用于纺织材料上。这些复合材料制备的产品在人体电磁防护方面显示出了令人满意的效果。同时，用于 GSM 通信系统和无线数据传输的微波频谱也是研究热点。

石墨和炭黑在电磁屏蔽产品中的应用有：屏蔽垫片、外壳、接地夹、导电泡沫、EMI 橡胶（电磁屏蔽橡胶）、EMI 和 RFID 吸收剂、个人防护、屏蔽袋等。石墨具有高导电性，质量密度比金属更低，具有耐腐蚀性强，机械灵活性高，且易于加工等优点。在所有基本的石墨结构中，石墨烯除了在纳米电子学中的应用外，在电磁屏蔽方面的应用潜力最大。它具有一定的屏蔽性能，可以作为耐候涂料应用在防水、防雪、耐热、耐腐蚀等方面，且兼具低成本的特点和防静电等性能。

## 2.3 电磁屏蔽机制

材料导电性与屏蔽特性和传导电流的能力直接相关。石墨的电导率较金属相比，约低三个数量级。石墨通常以纤维或粉体状存在于纳米复合材料中，因而其导电性会降低，但仍远远优于聚合物材料、天然纺织品和人造树脂，这些复合材料的导电性具体取决于所用成分及其含量。这些特性还取决于最终复合材料的形状：片状或线状。通常，石墨以粉末或线材的形式添加到导电复合材料中，线状结构通常赋予复合材料较高的机械强度，特别是在所施加的外力沿纤维方向的情况下。沿纤维方向，添加线状石墨纤维也能提高复合材料的电导率。

因此，对石墨复合材料进行电学和电磁性能表征时，必须按照某些特定的程序进行。需要表征的样品必须由标准的几何形状组成，以便测量以下指标：沿纤维方向和垂直于纤维方向上的体积电阻率和表面电阻率；在对纤维进行单独测量时，其末端应覆盖导电涂料。电磁频率高时，样品的本征阻抗取决于材料的介电常数、磁导率、频率、电导率和样品几何形状。

$$Z = \sqrt{\frac{j\omega\mu}{\sigma + j\omega\varepsilon}} \qquad (2.1)$$

式中，$Z$ 为本征阻抗；$j$ 为虚数单位；$\omega$ 为频率；$\varepsilon$ 为介电常数；$\sigma$ 为电导率；$\mu$ 为磁导率。

该阻抗通常与空气阻抗 $Z_{air}=377\Omega$ 或金属材料的阻抗有关。电磁屏蔽的另一个重要参数与趋肤深度有关，它指的是在一定频率下涡电流的穿透深度，其减小取决于材料表面电流值的 $1/e$ 系数。

电磁场与物质相互作用的机制复杂，受许多因素制约，如波频、能量密度、受电磁场影响的结构的电磁特性和传播环境性质。屏蔽现象可分为：

（1）因材料对电磁能的吸收而导致的衰减。
（2）通过外部反射而导致的衰减。
（3）通过在其保护环境中连续内部反射而导致的减弱。

根据电磁场的电气组件和磁性组件，衰减分为以下两种方式：

（1）静电衰减，通过插入具有高导电性的组件来实现的。通过接地确保了等电位表面，其内部具有零电场。
（2）磁衰减，通过插入具有高磁导率的组件来实现，以确保磁场的折射。

屏蔽系数 $F$ 用于评估屏蔽效果，表示为保护区域内的电（$E$）/磁（$H$）分量

相对于没有屏蔽时获得值的比率:

$$F = \frac{H_{in}}{H_{ex}} < 1 \quad (2.2)$$

假设一个由石墨制成的非铁磁墙壁，其具有高电导率（$\sigma$）、频率（$\omega$）和介电常数（$\varepsilon$），当该墙壁满足条件 $\sigma \gg \omega\varepsilon$，则其固有阻抗可由以下关系式给出：

$$Z_{in} = \sqrt{\frac{j\omega\mu}{\sigma + j\omega\varepsilon}} = \sqrt{\frac{j\omega\mu}{\sigma}} = \sqrt{\frac{\omega\mu}{2\sigma}}(1+j) = \sqrt{\frac{\omega\mu}{\sigma}} e^{j\frac{\pi}{4}} \quad (2.3)$$

公式（2.3）描述了一个电感阻抗：

$$Z_{in} = R + j\omega L \quad (2.4)$$

根据以上公式，屏蔽材料的本征阻抗的两个分量可以表示为：

$$R = \frac{1}{\sigma\delta}$$
$$L = \frac{\mu\delta}{2} \quad (2.5)$$

这里 $\delta$ 表示屏蔽材料内部的场穿透深度。因此本征阻抗可由以下关系式表示：

$$Z_{in} = \frac{1}{\sigma\delta} + j\omega\frac{\mu\delta}{2} \quad (2.6)$$

由于 $E$ 和 $H$ 分量一般是谐波，而且由于内外两个分量之间存在相位差，所以屏蔽系数表示为一个复数。若电磁场是平面波，则 $E/H$ 比值是恒定的，等于传播介质的阻抗 $Z_0$，衰减因子也可以由电学分量的比值计算得到。在实践中，衰减因子最好使用所谓的扫描/屏蔽有效性表达：

$$S = 10\lg\left|\frac{P_{in}}{P_{ex}}\right| 20\lg\left|\frac{E_{in}}{E_{ex}}\right|(dB) \quad (2.7)$$

当电磁波遇到具有高电导率的表面时，会发生复杂的现象：所有三种类型的损失都会发生，每种损失的权重不同，具体取决于屏蔽物的尺寸、电磁波波长及屏蔽材料的电磁特性，所有损失都有助于材料对电磁波的屏蔽。屏蔽系数 $F$ 和屏蔽效率 $S$ 和测量的位置、被测量的场分量、场入射、极化类型以及屏蔽物的性质和几何形状有关。

防护措施根据必须防护电磁场的目标或环境而制定。基于此，场源和保护目标之间的距离（相对于发射场的波长）至关重要。如果与波长相比，干扰源是远离目标的天线，称为远场传播；若干扰源位于要保护的目标环境内部，称为近场传播。这些情况决定了特定的传播条件和保护程序的特殊性。

天线的辐射，即电磁场的来源，可以分为三个主要区域（图2.1），取决于功率密度、距离，尤其是 $E$ 和 $H$ 场分量的特性。需要注意的是，在天线与辐射区之间，电场和磁场的转换是连续的，尽管功率密度和场构型之间存在显著差异。

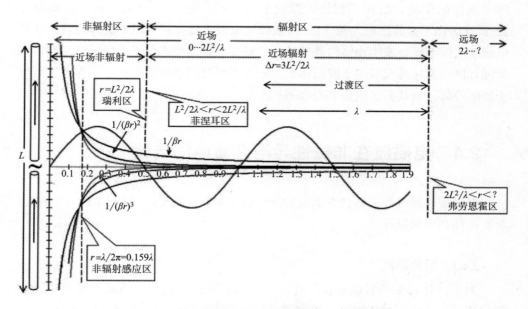

图 2.1 天线长度 $L=\lambda$ 时，天线辐射的三个区域

瑞利区分为非辐射场区、感应区、极近场区，在该区域，天线与周围环境之间发生能量交换。电场和磁场的分布高度依赖于天线的尺寸和几何形状，并且随距离变化很大。$E$ 和 $H$ 分量不垂直且具有相对较高的强度，对于高功率场，由于电学分量与生物介质的强相互作用，它是一个危险区域（与辐射区相比）。瑞利距离从天线延伸到 $r=L^2/2\lambda$ 并包括具有最高能量密度的感应区。该区域的场方程包括虚数项，表明存在无功能量。此处两种电场和磁场的无功分量都占主导地位。因此这是能量储存的区域。

近场辐射区域称为菲涅耳区域，由距离 $L^2/2\lambda \leqslant r \leqslant 2L^2/\lambda$（对于 $L=\lambda$，$\lambda/2 \leqslant r \leqslant 2\lambda$）界定。在该区域中，$E$ 和 $H$ 分量不垂直，它们的矢量相对于天线具有可变的角度。当接近弗劳恩霍夫区域，二者趋于垂直。对于大型天线（与场的波长相比），上限为 $2L^2/\lambda$。在这个极限附近和距离以内，辐射场占主导，功率密度的分布角取决于与场源的距离。有些研究者认为这是一个过渡区，将（1-2）

λ 从天线延伸到弗劳恩霍夫区。这是一个具有中间效应的区域，近场效应减少，远场效应更加突出。

远场辐射区，即弗劳恩霍夫（Fraunhofer）区，下限为 $2L^2/\lambda$，延伸至无穷大；在这个区域，$E$ 和 $H$ 分量变为垂直，球面波变为平面波，辐射方向变为平行。$E$ 和 $H$ 分量之间的电磁能量分布相同。远场辐射区范围可以认为是具有较好近似度平面波的距离，由接受相位误差的平面决定；对于 $2L^2/\lambda$ 的下限，该误差为 22.5° 或 $\lambda/16$（弗劳恩霍夫条件）。区域归属取决于要保护区域的具体位置：如果电磁波从屏蔽设备或生物体的外部进入，则受保护的样本位于近场区域瑞利区或菲涅耳区，具体情况取决于屏蔽体积。若电磁场源位于屏蔽内部，而保护区域位于屏蔽外部，则其场区域是 Fraunhofer 区。

## 2.4 电磁波在非磁性导电介质中的传输

电磁波遇到由非磁性材料制成的障碍物（如包含石墨的结构）时，必须考虑吸收损耗和反射损耗。

### 2.4.1 吸收损耗

为了计算石墨的吸收损耗，可以考虑各自环境中的传导电流和位移电流之间的超单一比率。对于平面，若谐波电磁波沿 $z$ 方向穿透石墨壁，则场 $H_y(z,t)$ 的方程为：

$$H_y(z,t) = H_0 \mathrm{e}^{-\frac{z}{\delta}} \left( \cos \omega t - \frac{z}{\delta} \right) \tag{2.8}$$

式中，$z/\delta$ 为距输入端距离为 $z$ 处的相移。

在距离 $z$ 处，场的幅度为：

$$H = H_0 \mathrm{e}^{-\frac{z}{\delta}} \tag{2.9}$$

因此，电磁场随距离呈指数下降，对于 $z=\delta$，幅度的下降将等于 e=2.71，如图 2.2 所示。

关系可以表示为：

$$A = 20 \lg \left| \frac{H_0}{H_z} \right| = 20 \frac{z}{\delta} \lg \mathrm{e} = 8.69 \frac{d}{\delta} \tag{2.10}$$

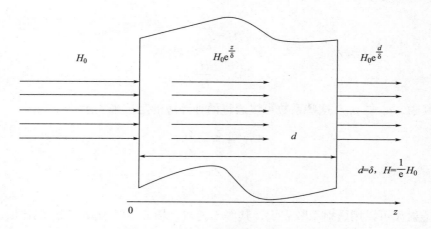

图 2.2  通过石墨壁/屏蔽层时的场衰减示意图

式中，$d$ 为材料内部场穿透深度。取决于材料特性，可由公式（2.11）确定：

$$\delta = \sqrt{\frac{1}{\pi f \sigma \mu}} \qquad (2.11)$$

上式表明电阻 $R$ 和电感 $L$ 分量都与入射场频率有关；此外，电感分量与材料电导率 $\sigma$ 成反比。

### 2.4.2 反射损耗

当在阻抗为 $Z_1$ 的介质和阻抗为 $Z_2$ 的石墨介质之间的分界面上有一个法向入射的平面波（称为直射波）。这时由于这两种环境类似于传输线，可以应用相同的计算形式。因此，直射波（入射波）将在分界面分成两个波，即一个在新环境中继续传播的透射波和一个向后反射的波，如图 2.3 所示。

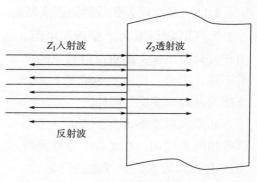

图 2.3  屏蔽反射原理示意图

由于入射波方向垂直于分界面，因此入射和反射电磁场的所有 $E$ 和 $H$ 分量都与分界面相切。这些电场和磁场分量均是连续的，并在表面叠加，从而简化了计算。与传输线的情形类似，介质 $Z_1$ 可以看作有负载的传输线，与第二个介质（石墨）的阻抗 $Z_2$ 相等。因此，其电气组件和磁性组件的反射系数 $\rho_E$ 和 $\rho_H$ 可由下式得出：

$$\rho_E = \frac{E_r}{E_d}$$
$$\rho_H = \frac{H_r}{H_d} \quad (2.12)$$

其中，$\rho_E = -\rho_H$。这些系数可以通过两种环境的阻抗来表示：

$$\rho_E = \frac{Z_2 - Z_1}{Z_2 + Z_1}$$
$$\rho_H = \frac{Z_1 - Z_2}{Z_1 + Z_2} \quad (2.13)$$

透射波可以用透射系数表示，其等于透射电场 $E_t$ 和直接电场 $E_d$ 的比值：

$$\tau_E = \frac{E_t}{E_d} \quad (2.14)$$

两个场分量（分别为 $E$ 和 $H$）的传输系数也可以用介质阻抗来表示：

$$\tau_E = \frac{2Z_2}{Z_1 + Z_2}$$
$$\tau_H = \frac{2Z_1}{Z_1 + Z_2} \quad (2.15)$$

### 2.4.3 多次反射和折射的连续损失

当屏蔽物厚度大于穿透深度时，由于波衰减迅速，多重反射造成的损失不那么明显。在薄壁的情况下，会出现明显的多重反射损耗。

如果入射波不垂直于表面，那么这些损耗会增加，在平行于分界面的方向上达到最大值，波会向外偏转。多重反射的影响如图 2.4 所示，其中 $I_A$ 表示屏蔽区域内反射波的吸收因子。经过多次连续反射和吸收，其衰减遵循几何级数规律，一部分波被重新传输到其来源的环境中，另一部分则进入被保护的环境，从而降低屏蔽效果。除了材料内部和外部的多次反

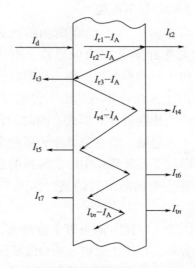

图 2.4 连续反射和折射产生的衰减示意图
$I_d$—入射波 $I_r$—屏蔽层内部发射波 $I_A$—屏蔽层内部的吸收损失 $I_t$（左）—反射波 $I_t$（右）—通过屏蔽层的发射波

射外，还会出现折射现象，具有阻尼变化。

### 2.4.4 屏蔽效能一般方程

与电磁场及屏蔽物的相互作用有关的所有叠加现象，可用下式描述：

$$SE = A + R + RM \qquad (2.16)$$

式中，$SE$ 为总衰减或屏蔽效果；$A$ 为波吸收衰减；$R$ 为波反射衰减；$RM$ 为材料内部多次反射的衰减。

机理如图 2.5 所示，屏蔽物的屏蔽性能可以通过直接测量透射或反射分量来确定，而多重反射则由计算得出。

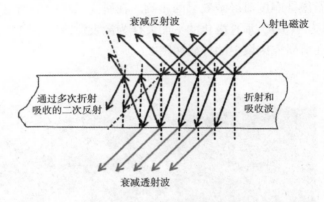

图 2.5 完整屏蔽机理示意图

## 2.5 碳粉电磁屏蔽性能的数值分析

本节使用基于有限元方法的专用软件——Ansys HFSS（高频结构模拟器），分析了不同类型屏蔽材料的性能。分析中采用了一个相对较小而可行的区域，不会影响电磁波的传播模式。离散化网络算法是从一个迭代到下一个迭代，两者之间施加了 20 个自适应的过程。该程序将根据模型的几何形状创建一个四面体网格，它将从初迭代到下一个迭代进行调整，使四面体的尺寸小于输入频率对应的波长的四分之一。例如，对于 1GHz 电磁波的波长是 30cm。该解决方案的最大偏差源于参数 $S$ 的误差，$\Delta S = 1\%$，代表两个连续迭代得到的场值之间的差异。

首先根据电磁场在石墨中的穿透深度，研究不同厚度石墨板的屏蔽性能。采用频率为 1GHz 的（波长 30cm）入射波和不同厚度的石墨板进行研究，详见第 2.5.1 节。

分析由厚度为0.1mm石墨条组成的网格屏蔽物的屏蔽效率，该网格结构如下：将石墨条在一个方向上平行等距排列，再在两个方向上布置，而构成一个网格结构。

石墨带结构分析的目的是通过相对于入射场波长的网眼大小（第一种配置的石墨带之间的距离和第二种配置的网眼大小）来评估屏蔽效果，详见第2.5.2节。在第2.5.3节中，则根据入射波的偏振情况，研究石墨的屏蔽能力。在这个范围内，使用了两个独立的入射波，其频率相同，均为1GHz，而偏振不同，分别为垂直和水平偏振。

### 2.5.1 屏蔽厚度对屏蔽效能的影响

为了研究石墨屏厚度对屏蔽效果的影响，在研究区域的左侧施加了一个振幅为1V/m、频率为1GHz、垂直极化的平面波作为激发波源。在没有任何屏蔽物的情况下，该波在所研究区域中的传播如图2.6所示。

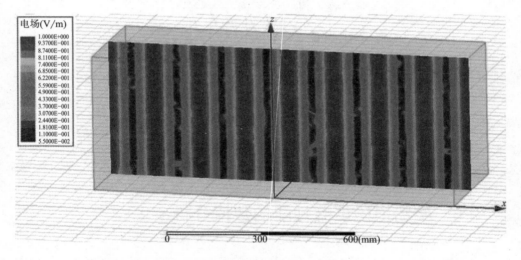

图2.6　无屏蔽时波的传播

然后在所研究区域的中心，平行放置了一组石墨屏，其厚度可以根据入射波在石墨中的穿透深度而调节，其电磁波穿透深度可由公式（2.11）计算得出。对于1GHz的频率，并考虑到石墨的以下材料特性：渗透率$\mu_r \approx 1$，介电常数$\varepsilon_r=1$，电导率$\sigma = 5 \times 10^2$S/m，计算出的穿透深度为$\delta = 60.2\mu m$。

据此，选择了三种不同厚度的石墨板作为石墨屏，如图2.7中间黑色部分所示，厚度分别为$0.1 \times \delta$、$1 \times \delta$和$10 \times \delta$。由于石墨屏的存在，纵向平面中左侧的场传播呈现反射，右侧则为透射波的衰减。

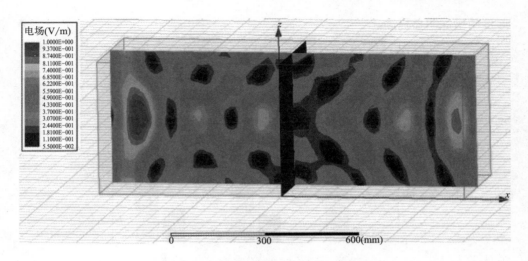

图 2.7 有屏蔽时波的传播（宽度 $=1\times\delta$）

在图 2.8 中，在分析区域的中心纵轴上给出了所有情况下的电场值：分别是无屏蔽时的值和有三个选定厚度的石墨屏时的值。在有屏蔽的情况下，图中可发现透射波存在衰减。

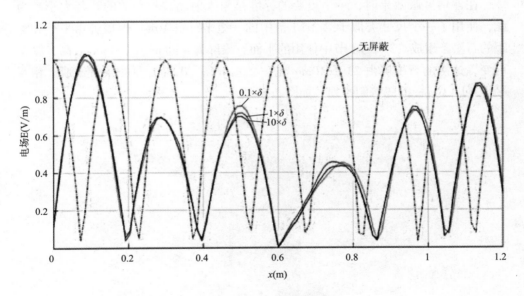

图 2.8 沿中心轴线电场强度

为了重点研究衰减系数，参考入射场的振幅，以 dB（dBV/m）为单位计算了反射场和通过石墨屏后透射场的比值，结果如图 2.9 所示。屏蔽效果随着石墨屏厚度的增加明显提高。

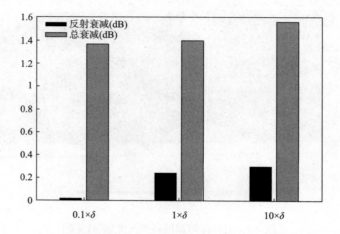

图 2.9　三个种屏蔽厚度的衰减系数

### 2.5.2　网眼尺寸对屏蔽效能的影响

在评估屏蔽效果时，一个重要的标准是与入射场波长相关的孔径大小。为此，使用了一个尺寸类似于第 2.5.1 节中的一组平行石墨屏。但该屏由平行和等距的石墨条组成。第 2.5.1 节中使用的平面石墨屏为 450mm 宽、450mm 高，厚度可变，这次的石墨屏由 23 条 10mm 宽、450mm 高、0.1mm 厚的条带组成，相互平行且以 10mm 间隔等距排列，如图 2.10 所示。

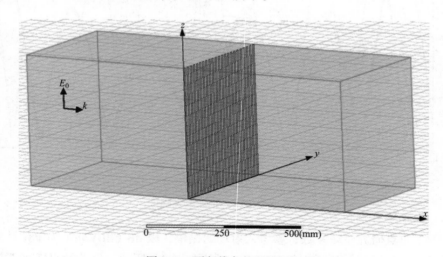

图 2.10　平行线条的石墨网格

入射平面波参数为振幅 1 V/m、频率 1GHz，垂直极化。对于该频率，石墨中的场穿透深度为 $\delta = 60.2\mu m$，根据入射场波长 $\lambda=1.615\times\delta$，石墨屏宽度为 0.1mm。图 2.11 为纵向平面中的场强分布。

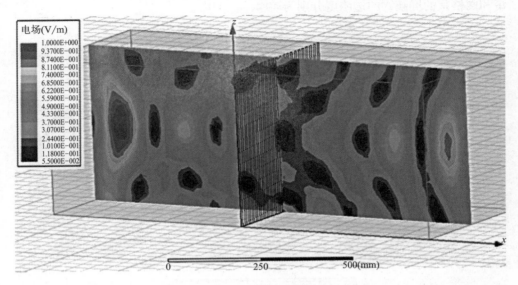

图 2.11　1GHz 时入射场纵向平面场强分布

通过调整网格屏蔽物上两个垂直方向上排列的石墨条来减小网眼尺寸，研究了网眼尺寸对屏蔽效果的影响，如图 2.12 所示。石墨条尺寸与前面相同，但屏蔽物的网眼尺寸则大大减小。

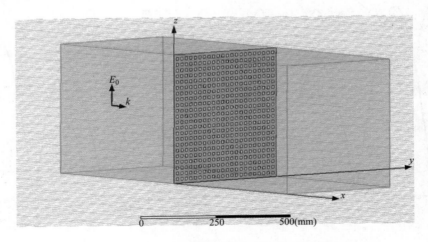

图 2.12　垂直石墨条构成的石墨网格屏蔽物

网眼尺寸的减小对入射波传播的影响如图2.13所示。为表现这一点，图2.14显示了两种屏蔽物在频率为1GHz时，在所研究区域中心纵轴上的电场强度值，电场取决于孔径。将场通道的透明面积与总面积之比定义为光学透明度，则平行带和网格状的屏蔽物的透明度分别为49%和23.9%。

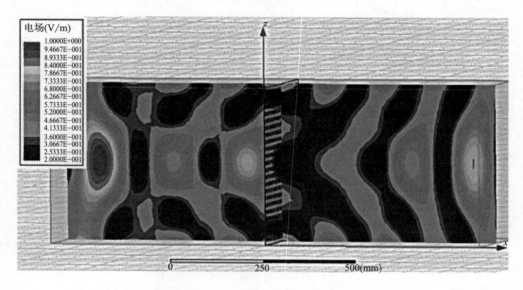

图2.13　1GHz时网格屏蔽物的纵向场分布

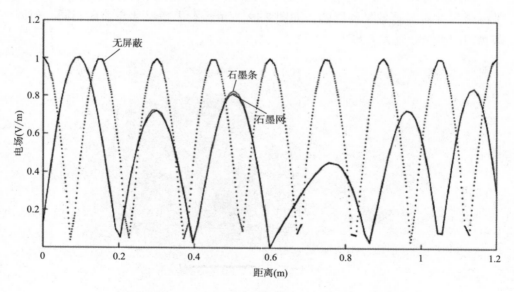

图2.14　石墨条和石墨网格屏蔽物沿中心纵轴的电场强度

### 2.5.3 入射波偏振对屏蔽效能的影响

电磁屏蔽的另一个重要影响因素是网眼尺寸相对于入射波的偏振方向。为了研究这一点，采用与上文实验中相同的由平行带组成的屏蔽物，分析其屏蔽垂直和水平偏振平面波的能力。电场取决于入射波极化。两次模拟得到的结果如图2.15所示。

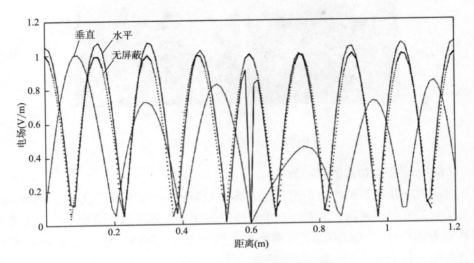

图 2.15　入射波的垂直和水平偏振强度

结果发现，在第一种情况下，屏蔽效率较高。原因是入射波的方向与石墨带的方向相同。此时，屏蔽物结构中的石墨带会起短路作用，诱导屏蔽物中的电荷载流子沿波的偏振方向振荡。

这些振荡代表了一个向所有方向发射能量的次级源。因此，入射波的大部分能量又被重新反射到其发射源所在（屏蔽物左侧）的环境中，另一部分能量则进入屏蔽物右侧的环境中。

## 2.6　选定屏蔽物配置的实验研究

本部分将重点介绍人造屏蔽物和碳浸渍织物屏蔽能力的测试结果。

### 2.6.1　网眼大小和入射场偏振对屏蔽效能的影响

在第一阶段，制造了一组石墨屏蔽物，与第1章模拟的屏蔽物相对应。第一组屏蔽物由平行石墨条组成，第二组屏蔽物为正交石墨条组成的网格。石墨条的厚度为0.1mm，宽度为10mm，以10mm的间隔放置在一个60cm×60cm的有机玻璃支架上。这两个屏蔽物的光学透明程度与前面模拟屏蔽物相近，即平行带的为50%，正交网格的为21.6%。两个屏蔽物的构造如图2.16所示。

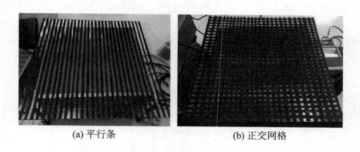

(a) 平行条　　　　　　　　(b) 正交网格

图 2.16　石墨屏蔽物的构造

#### 2.6.1.1　屏蔽效能的实验测定

屏蔽效率是在半消声室中测量的，其中安装了一个镀锌钢立方体，它的一侧安装了要研究的屏蔽物。发射（Tx）天线安装在立方体外部，接收（Rx）天线放置在立方体内部，从而消除了外部影响。两个天线之间的测量距离为2m。实验装置如图2.17所示。

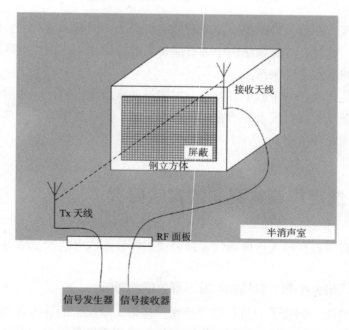

图 2.17　屏蔽效能测量示意图

电磁场强度的测量分别在 100MHz~1GHz 和 5~6GHz 两个频段进行。图 2.18 和图 2.19 分别列出了两种屏蔽范围内屏蔽物电磁场衰减的实验结果。尽管衰减值很低,但由于石墨条的排列,在研究的两个频段中,所有屏蔽物都观察到衰减增加的现象,类似于一个共振频率。

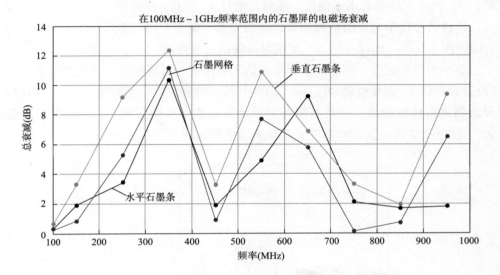

图 2.18　100MHz~1GHz 频率范围内石墨屏的电磁场衰减

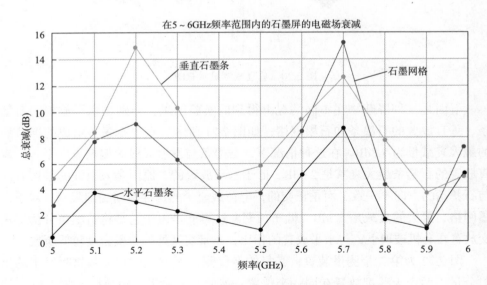

图 2.19　在 5~6GHz 频率范围内石墨屏的电磁场衰减

#### 2.6.1.2 反射和透射系数的实验测定

为了测试上述屏蔽物的反射和透射系数，采用了两种实验装置。装置都使用了两个定向天线和一个矢量网络分析仪（VNA），两个天线都通过低损耗同轴电缆连接到 VNA 端口。发射喇叭天线连接到端口 2，接收对数周期天线连接到端口 1，两个天线都有水平偏振。然后，测量 $s_{12}$ 参数，以评估在 5~6GHz 频段内，接收信号功率与发射信号功率之间的关系。每个天线与屏蔽物之间的距离为 1.5m，因 1.5m $\gg 10\times\lambda=0.6$m，宽度足以保证远场传播。

第一个测量装置（图 2.20）旨在评估入射波在与屏蔽物相互作用时的总衰减（反射和吸收）。天线彼此相距 3m，对准其最大辐射方向，再对第 2.6.1 节描述的屏蔽物进行连续测量。平行石墨条制成的屏蔽物需要测量两次，通过将其旋转 90°，使电磁波的偏振方向垂直于石墨条的排列方向。

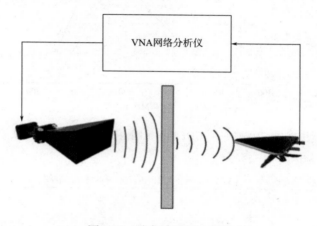

图 2.20 总衰减测量示意图

下面是三种屏蔽物在不同情况下得到的实验结果，分别是水平放置的石墨条、垂直放置的石墨条和石墨网格，如图 2.21 所示。水平石墨条组成的屏蔽物的最大衰减量为 7.8dB。在这种情况下，石墨条与发射天线的偏振方向平行。垂直放置的石墨条最大衰减是 2.6dB，低于水平放置的。原因是入射波的偏振方向与石墨条的方向不一致，而是正交的，电荷载流子的诱导运动受到限制。对于石墨网格，最大的衰减是 5.3dB，低于预期。这可能是由于它是将石墨条分两层正交放置在有机玻璃上，与水平放置的相比，条带交叉处的石墨密度较低所致。

图 2.22 为第二个测量装置，其目的是仅测量入射波遇到屏蔽物时发生的反射分量。两个天线都放置在同一个位置，彼此非常接近，距离屏蔽物 1.5m。测量得到的是反射系数。

# 第 2 章　石墨材料在电磁兼容领域的应用

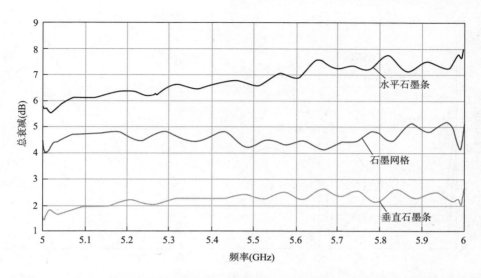

图 2.21　水平、垂直单方向石墨条和石墨网格的总衰减对比（5～6GHz 频率范围内）

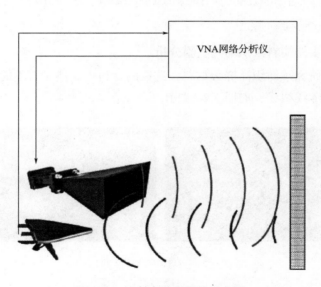

图 2.22　反射衰减测量的示意图

与前一阶段类似，图 2.23 为反射衰减的结果。从图中可以看出正交网格屏蔽物具有最大反射衰减，但在 5～6GHz 频率范围内，三个屏蔽物的整体屏蔽性能相似。从两组结果的分析中，我们注意到了屏蔽方向与入射波偏振方向的相关性，特别是对于反射现象。此外，屏幕的透明度也与总衰减有关。屏蔽层的密度越高，总衰减就越大，这意味着大部分入射波能量被吸收到屏蔽物材料中。

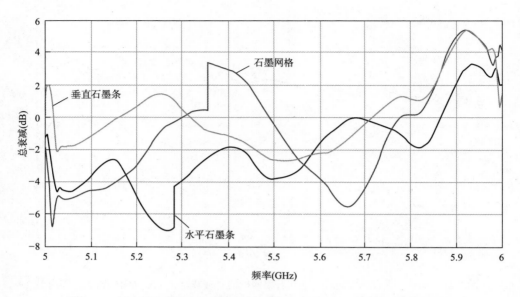

图 2.23　水平和垂直单方向石墨条的反射衰减对比（5~6GHz 频率范围内）

### 2.6.2　石墨浸渍斜纹织物的实验分析

本节主要研究了纺织品屏蔽材料，选取的材料为浸渍了石墨的斜纹布，由两种不同细度的纱线织成，如图 2.24 所示。

图 2.24　斜纹织物样品照片

为了测试其屏蔽效果，使用与图 2.17 中类似的测量装置。织物被放置在钢制立方体的一侧，接收天线在立方体内部，发射天线在外部。两根天线都在 2m 处对齐，具有水平偏振。两个样品的衰减结果是在 50MHz ~ 5.9GHz 的频率范围内测量的，如图 2.25 所示。从结果看，织物的衰减非常好，特别是在 100MHz ~ 1GHz 的范围内。

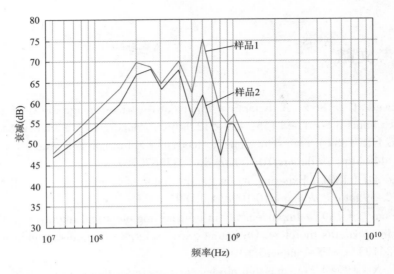

图 2.25　斜纹织物样品的衰减结果

## 2.7　未来发展趋势

军事和民用的信息传输需求使通信网络的频率向更高的趋势发展，如正向 5G 技术过渡，并逐步向几十到几百 GHz 的技术发展，而且太赫兹技术的研究也在进行中。

当然，一些常见的具有电磁特性的材料仍将被应用，但会通过现有技术进行加工。第一种材料是纳米晶碳，在纳米复合材料中具有潜在应用，如在太赫兹领域中进行屏蔽来确保通信安全，同时也用于实现一些具有准光学应用的部件。关于多壁碳纳米管的实验和理论研究已经相当成熟，具有工业化应用前景。

石墨烯是近些年发现的一种新型材料，作为屏蔽材料具有广阔的应用前景，有望在电子通信技术、电磁安全等研究领域展现新的特性和应用。关于屏蔽性能，石墨烯发泡材料有一个有趣的特性，能够通过电场来控制屏蔽系数。与如今使用的材料不同，石墨烯的另一个有趣的特性是它不会反射亚太赫兹场中的电磁波，而是以特别高的比例（99.99%）吸收它们，这个特殊的性能有望应用于复合材料中，减少电磁污染。石墨烯的层状结构使其与弹性聚合物的复合材料能够满足某特定频率范围的组件的设计。

# 参考文献

［1］ Maxwell JC（1865）A dynamical theory of the electromagnetic field（PDF）. Philos Trans R Soc Lond 155: 459-512. https://doi.org/10.1098/rstl.1865.0008

［2］ Hertz HR(1887)Ueber sehr schnelle electrische Schwingungen. Ann Phys 267(7): 421-448.https://doi.org/10.1002/andp.18872670707

［3］ Lodge OJ（1891）Experiments on the discharge of Leyden jars. Proc R Soc Lond 50: 2-39.https://doi.org/10.1098/rspl.1891.0003

［4］ Marconi G（1897）Improvements in transmitting electrical impulses and signals, and in apparatus therefore. US patent 586193. https://patents.google.com/patent/US586193?oq=US+Patent+586193

［5］ Tesla N（1904）Transmission of electrical energy without wire, electrical world and engineer, March 5. http://www.tfcbooks.com/tesla/contents.htm

［6］ Blish JB(1899)Notes on the Marconi wireless telegraph. Proc U S Naval Inst 2(5): 857-864. https://www.usni.org/magazines/proceedings/1899/october

［7］ Baltag O, Apreutesei AL, Rosu G et al（2019）Experimental research on textile and non-textile materials with applications to ensure electromagnetic and bio-electromagnetic compatibility. Int Conf Knowl-Based Organ 25（3）: 13-18. https://doi.org/10.2478/kbo-2019-0110

［8］ Liu L, Das A, Megaridis CM（2014）Terahertz shielding of carbon nanomaterials and their composites—a review and applications. Carbon 69: 1-16. https://doi.org/10.1016/j.carbon.2013.12.021

［9］ Seo MA, Yim JH, Ahn YH（2008）Terahertz electromagnetic interference shielding using single-walled carbon nanotube flexible films. Appl Phys Lett 93: 231-905. https://doi.org/10.1063/1.3046126

［10］ Polley D, Neeraj K, Barman A et al（2016）Diameter-dependent shielding effectiveness and terahertz conductivity of multiwalled carbon nanotubes. J Opt Soc Am B 33（12）: 2430-2436. https://doi.org/10.1364/JOSAB.33.002430

［11］ Zdrojek M, Bomba J, Łapińska A et al（2018）Graphene-based plastics for total sub-terahertz radiation shielding. Nanoscale 10（28）: 13426. https://doi.org/10.1039/C8NR02793E

［12］ D'Aloia AG, D'Amore M, Sarto MS（2015）Optimal terahertz shielding performances of flexible multilayer screens based on chemically doped graphene on polymer substrate. In: IEEE international symposium on electromagnetic compatibility（EMC）, Dresden, Germany. https://doi.org/10.1109/ISEMC.2015.7256309

[13] Tong Xu S, Fan F, Cheng J et al (2019) Active terahertz shielding and absorption based on graphene foam modulated by electric and optical field excitation. Adv Opt Mater 7 (8): 1–9 (1900555)

[14] Zhang Y, Feng Y, Zhu B, Zhao J, Jiang T (2014) Graphene based tunable metamaterial absorber and polarization modulation in terahertz frequency. Opt Express 22 (19): 22743. https://doi.org/10.1364/OE.22.022743

[15] Atul T, Mehrdad GN, et al (2011) Highly functionalized reactive graphene nano-sheets and films thereof. PCT/US 2011/032482, WO 2011/130507 A1

[16] Kim SJ, Shin MK, Kim SH (2016) Graphene fiber and method for manufacturing same. US 2016/0318767 A1

[17] Ray WJ, Lowenthal MD (2014) Graphene-based threads, fibers or yarns with nth-order layers and essensrio. US 2014/0050920 A1

[18] Shah TK, Adeock DJ, Malecki HC (2011) CNT-infused fiber as a self-shielding wire for enhanced power transmission line. US 2011/0174519 A1

[19] Wada T, Tsubokawa N (2012) Functional-group-modified carbon material, and method for producing same. EP 2786962 A1

[20] Andryieuski A, Lavrinenko A (2013) Graphene metamaterials based tunable terahertz absorber: effective surface conductivity approach. Opt Express 21 (7): 9144–9155. https://doi.org/10.1364/OE.21.009144

[21] Wanga L-L, Tayb B-K, Seeb K-Y, Suna Z, Tanb L-K, Luab D (2009) Electromagnetic interference shielding effectiveness of carbon-based materials prepared by screen printing. Carbon 47: 1905–1910

[22] Evans RW (1997) Design guidelines for shielding effectiveness, current carrying capability, and the enhancement of conductivity of composite materials. National Aeronautics and Space Administration, Marshall Space Flight Center. https://ntrs.nasa.gov/search.jsp?R=199700360552020%2D%2D01-07T12:13:02+00:00Z

[23] Gaier JR (1990) Lewis Research Center, Cleveland, Ohio, NASA Technical Memorandum 103632, Intercalated graphite fiber composites as EMI shields in aerospace structures

[24] Violette JLN, White DRJ, Violette MF (1987) Electromagnetic compatibility handbook. Van Nostrand, Reinhold, Co., New York

[25] Rosu G, Baltag O (2019) EMI shielding disclosed through virtual and physical experiments. In: Kuruvilla J, Runcy W, Gejo G (eds) Materials for potential EMI shielding applications: processing, properties and current trends. Elsevier

# 第 3 章　用于天线和微波技术的碳纤维增强聚合物材料

Alexe Bojovschi　Geoffrey Knott　Andrew Viquerat　Kelvin J. Nicholson　Tu C. Le

## 3.1　碳纤维增强聚合物材料的特性

碳纤维增强塑料（CFRP）层压板是一类常见材料，多用于结构材料和微波领域。如火箭发动机外壳、高尔夫球杆、自行车车身、飞机机身以及地面和卫星天线上。其优势主要是此类材料通常具有比金属材料高得多的比刚度和比强度。CFRP 层压板是由各种嵌在塑料基体中的碳纤维层根据规定的样式及结构要求（类似于胶合板）沿着一定的方向堆叠而成。

与金属结构相比，聚合物复合结构的一个主要优点是它们具有更大的可定制性、更能够满足设计要求。例如，压力容器的环向载荷通常是轴向载荷的两倍。用金属制作容器时，由于金属具有各向同性，当容器的厚度能满足环向载荷时，而该厚度对于轴向载荷则显得过大了。这些问题可以通过将算法和先进的制造技术结合起来的金属结构设计来解决。而复合材料制备的压力容器，可以通过在容器环向和轴向设计好数量的纤维来承载环向载荷和轴向载荷。因此，基于复合材料的可定制性，复合材料压力容器将成为一种更高效的结构。此外，纳米增强碳纤维（增强了强度和刚度）领域的最新进展也使复合材料结构的设计范围进一步扩大。这种可定制性也将其应用扩展到其他领域，如电磁学，在这些领域中，碳纤维复合材料结构的各向异性特性可以发挥很大的作用。

由于碳纤维形态和复合材料结构中所采用的编织方式不同，碳纤维复合材料的静态电磁性能会呈现出普遍的各向异性。此外，CFRP 的交流特性在微波领域也具有重要的研究价值。CFRP 在微波频率下的电磁特性与频率、偏振有很强的相关性。这些特性可用于克服微波系统设计和应用中的各种问题。例如，利用单向 CFRP 层压板导电性的各向异性可以最小化反射盘上的边缘电流或减少相邻天线系统之间的交叉耦合。由于 CFRP 的各向异性及可制成重量和刚度更优的结构材料的特性，汽车和航空航天行业多年来一直采用 CFRP 天线，其工作频率从 MHz 到 THz。

在微波应用中常用的CFRP材料由嵌入在环氧树脂基体中的单向碳纤维组成。Kim H C和See S K等在$10^2 \sim 10^{10}$Hz带宽范围内,并考虑纤维体积分数的情况下,测量了单向CFRP在纤维轴向和横截面方向的电导率和介电常数。结果表明,CFRP材料在10GHz内是良导体。Ezquerra T A和Connorm M T等在直流至$10^9$Hz的条件下,对石墨、炭黑和单向CFRP进行了测试比较。Lee S E和Oh K S等对碳纤维和玻璃纤维交织的复合材料进行研究。Galehdar A和Nicholson K J等测量了两个喇叭天线之间的单向和$[0\ 45\ 90{-}45]_{2s}$材料样品的S-指数;还在8.0~12.0GHz条件下,测量了平行和垂直于纤维方向CFRP的雷达波截面。Galehdar A和Nicholson K J等还测量了单向CFRP的抗磁行为,发现其磁导率的实部在$0 \leq \mu_r \leq 1$之间,并取决于材料中的纤维取向(图3.1)。

图3.1 一种共嵌在聚合物基体中的碳纳米纤维的示意图

### 3.1.1 NRW法对CFRP材料的表征

测量波导样品的S-指数是评价CFRP材料最有效的方法之一。然后利用(尼科尔森-罗斯-堰,Nicolson-Ross-Weir,简称NRW)方程可以从实测的S-指数中得到电导率、介电常数和透过率。NRW方法是在20世纪70年代发展起来的,此后成为评价电磁材料性能的标准方法。该方法的第一步涉及将校准平面移至被测CFRP材料的表面,被测材料被称作MUT。MUT在测试夹具内的位置可能会因实验装置和MUT在波导中定位的精确度而不同。

$$R_i = e^{-\gamma_0 L_i}, \quad i \in \{1,2\} \tag{3.1}$$

$$S_{11}^C = \frac{S_{11}}{R_1^2} \tag{3.2}$$

$$S_{21}^C = \frac{S_{21}}{R_1 R_2} \tag{3.3}$$

式中:$S_{11}$和$S_{21}$分别为端口1到端口1,和端口1到端口2的散射参数;$L_i$为端口$i$处的标定平面到材料样品的距离。

将$S_{11}^C$和$S_{21}^C$用于NRW方程:

$$\Gamma = X \pm \sqrt{X^2 - 1} \tag{3.4}$$

$$X = \frac{\left(S_{11}^C\right)^2 - \left(S_{21}^C\right)^2 + 1}{2S_{11}^C} \tag{3.5}$$

$$\frac{1}{\Lambda^2} = \left[\frac{1}{2\pi d}\ln\left(\frac{1}{P}\right)\right]^2 \quad (3.6)$$

$$P = \frac{S_{11}^C + S_{21}^C + \Gamma}{1 - \left(S_{11}^C + S_{21}^C\right)\Gamma} \quad (3.7)$$

式中：$d$ 为 MUT 的厚度；$P$ 为传播因子。

传播因子 $P$ 通常为复数，式（3.6）中的对数对 $2\pi n$ 有模糊性，$n \in N_0$。为了解决 NRW 法中的这种模糊性，研究者提出了几种方法。在研究 CFRP 时最常用的模糊方法要求将测量限制在 $d<\lambda$ 的薄样品上。由于 CFRP 通常制成薄层板，因此可以在微波频率下满足上述要求。通过测量两种不同厚度的样品，也可以解决相位模糊问题。CFRP 层合板的复磁导率 $\mu_r$ 和复介电常数 $\varepsilon_r$ 可由下式估算：

$$\mu_r = \mu_r' - j\mu_r'' = \frac{1-\Gamma}{\Lambda(1-\Gamma)\sqrt{\frac{1}{\lambda_0^2} - \frac{1}{\lambda_c^2}}} \quad (3.8)$$

$$\varepsilon_r = \varepsilon_r' - j\varepsilon_r'' = \frac{\lambda_0^2}{\mu_r}\left(\frac{1}{\lambda_c^2} - \frac{1}{\Lambda^2}\right) \quad (3.9)$$

式中：$\lambda_0$ 为自由空间中的波长；$\lambda_c$ 为波导的截止波长。

CFRP 的电导率可由 $S_{11}$ 直接算出，如式所示：

$$\sigma = \frac{4\pi\mu_0 f\left(1-|S_{11}|^2\right)^2}{Z_0^2\left[\left(1+|S_{11}|^2\right) - \sqrt{-|S_{11}|^4 + 6|S_{11}|^2 - 1}\right]^2} \quad (3.10)$$

式中：$\mu_0$ 为磁常数；$f$ 为频率；$Z_0$ 为自由空间阻抗。

式（3.8）~式（3.10）可用于测量单向纤维 CFRP、碎纤维 CFRP 和纤维斜向排列的 CFRP 层压板的复合磁导率 $\mu_r$、复介电常数 $\varepsilon_r$ 和电导率。

Doan T 和 Walters A 等测量了在两个环形天线之间 CFRP 的电磁特性。Galehdar A 和 Callus P J 利用碳纤维单极天线的辐射效率，估算了碳纤维复合材料层压板的电导率。

### 3.1.2 CFRP 的电磁特性表征

纤维和纤维束的电磁特性参数通常是复数，因此在嵌入聚合物基体时，它们的宏观材料的电磁参数也是复数。这些复合材料宏观上呈现出均质各向异性；近来关于各向异性模型的研究可以更精准地描述该类材料的宏观特性，且易于在计算电磁建模（CEM）中实现。

　　Holloway C L等对不同的CFRP等效层模型进行了详细的研究。Wasselynck G等将材料的微观特性转化为等效阻抗网络进行了研究。Fouladgar J等基于CFRP电磁特性的初始张量描述，将CFRP结构视为张量。图3.2为使用CFRP开发的微波组件，其中（a）表示环形末端发射装置射频馈电（包括环形馈电和贴片馈电）；（b）为三层结构$[0,90]_s$、$[90,0]_s$和$[45,-45]_s$的CFRP波导结构；（c）为波导背短路，显示时间谐波入射到背短的反射表面和背短的横截面的示意图，通过扫描电子显微镜得到，也表明了碳纤维复合材料层板中纤维的方向；（d）为平面天线阵列，波导槽为$10\times10$，10个贴片馈电端发射器和10个后短路。沿纤维方向的电导率是根据混合模型规则，由纤维所占体积分数估算得出。由于所研究材料的纤维所占体积分数低于渗透阈值，因此可认为垂直于纤维方向的电导率非常低。

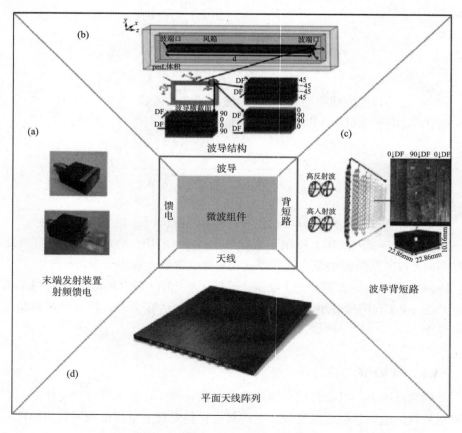

图3.2　使用CFRP开发的微波组件

## 第3章 用于天线和微波技术的碳纤维增强聚合物材料

上述研究中用于电磁应用研究的 CFRP 材料通常是单向层压板[图 3.2（b）]。层间通常以不同的方向堆叠，以获得更高的结构稳定性、杨氏模量、电导率以及更显著的各向同性。由单向碳纤维层构成的 CFRP 层压板的优点是与编织或分散纤维相比，其构造简单。从电磁特性的角度来看，短纤维和再生纤维材料的射频导电性、介电性能和磁导率与单向碳纤维增强材料有显著不同，目前对再生纤维材料的研究较多，且广泛应用于航空航天领域。CFRP 的复介电常数可用介电常数张量来表示，其中纤维方向（DF）在叠层中为 45°、0° 和 90°[图 3.2（b）]。

$$\varepsilon_{45a} = \begin{bmatrix} 0 & 0 & 0 \\ 0 & \varepsilon_{45y} & 0 \\ 0 & 0 & 0 \end{bmatrix} \quad \varepsilon_{45b} = \begin{bmatrix} \varepsilon_{45x} & 0 & 0 \\ 0 & 0 & 0 \\ 0 & 0 & \varepsilon_{45z} \end{bmatrix} \quad (3.11)$$

$$\varepsilon_{0a} = \varepsilon_{0b} = \begin{bmatrix} \varepsilon_{0x} & 0 & 0 \\ 0 & \varepsilon_{0y} & 0 \\ 0 & 0 & 0 \end{bmatrix} \quad (3.12)$$

$$\varepsilon_{90a} = \begin{bmatrix} 0 & 0 & 0 \\ 0 & \varepsilon_{90y} & 0 \\ 0 & 0 & \varepsilon_{90z} \end{bmatrix} \quad \varepsilon_{90b} = \begin{bmatrix} \varepsilon_{90y} & 0 & 0 \\ 0 & 0 & 0 \\ 0 & 0 & \varepsilon_{90z} \end{bmatrix} \quad (3.13)$$

其中复介电常数为：

$$\varepsilon_{0x} = \varepsilon_{0y} = \varepsilon_{0z} = 30 - 7.4j \quad (3.14)$$

$$\varepsilon_{45x} = \varepsilon_{5y} = \varepsilon_{45z} = 32 - 9.2j \quad (3.15)$$

$$\varepsilon_{90x} = \varepsilon_{90y} = \varepsilon_{90z} = 30 - 7.4j \quad (3.16)$$

CFRP 导电性的最大影响因素是纤维取向。CFRP 的有效电导率张量的对角线和非对角线分量可由下式计算得到。

$$\sigma_{45a} = \begin{bmatrix} \sigma_{45x} & 0 & 0 \\ 0 & 0 & 0 \\ 0 & 0 & \sigma_{45z} \end{bmatrix} \quad \sigma_{45b} = \begin{bmatrix} \sigma_{45x} & 0 & 0 \\ 0 & 0 & 0 \\ 0 & \sigma_{45y} & 0 \end{bmatrix} \quad (3.17)$$

$$\sigma_{0a} = \sigma_{0b} = \begin{bmatrix} 0 & 0 & 0 \\ 0 & 0 & 0 \\ 0 & 0 & \sigma_{0z} \end{bmatrix} \quad (3.18)$$

$$\sigma_{90a} = \begin{bmatrix} \sigma_{90x} & 0 & 0 \\ 0 & 0 & 0 \\ 0 & 0 & 0 \end{bmatrix} \quad \sigma_{90b} = \begin{bmatrix} 0 & 0 & 0 \\ 0 & \sigma_{90y} & 0 \\ 0 & 0 & 0 \end{bmatrix} \quad (3.19)$$

其中，$\sigma_{45x} = \sigma_{45y} = \sigma_{45z} = \sigma_{0z} = \sigma_{90x} = \sigma_{90y} = 28000 \text{S/m}$（在 10.0GHz 条件下）。

矩形波导中的导波波长 $\lambda_g = 1 / \sqrt{(1/\lambda_0)^2 - (1/\lambda_c)^2}$ 在设计 CFRP 隙缝波导天线时，必须考虑导波波长，以保证辐射缝的精确定位。

张量公式是目前公认的 CFRP 波导天线建模方法。图 3.3 给出了碳纤维取向对衰减常数的张量描述。

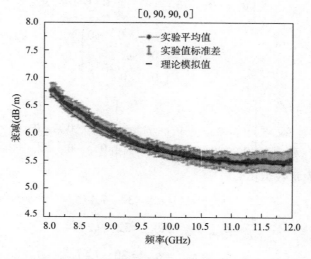

图 3.3　$[0,90]_s$ 厚度叠加序列的 CFRP 波导中的衰减常数的实验测量值与理论计算值

## 3.2　航空航天、汽车和卫星用 CFRP 材料

### 3.2.1　CFRP 材料在航空航天领域的应用

单向 CFRP 层压板最近被用于制造微波波导，其目标是开发轻质、耐高温的多功能复合材料结构。Galehdar A 等报道了一种由单向 CFRP 制成的频率可选择偏振副反射器。该研究表明，这种反射器在 S- 波段可使交叉偏振减小约 13.0dB，且入射角对其频率响应的影响最小。关于 CFRP 在微带贴片天线、隙缝天线和电容反馈腔背隙缝天线中的应用也已有研究。这些研究表明，用

CFRP腔支撑的隙缝天线的优势导致增益增强，前后对比提高了13.0dB。环氧树脂等介电材料中空洞等缺陷的存在会导致局部放电，并最终导致介质绝缘体的击穿，这个结论也适用于碳纤维被封装在环氧树脂基体中的CFRP层压板。目前已开发出检测CFRP缺陷的方法，可以防止这些复合材料在关键应用中（如飞机机身）瞬时损坏。用于空间天线任务的CFRP的尺寸稳定性已有研究。该用途的材料，不仅要坚固、硬度高和轻便，还必须具有尺寸稳定性。研究证明CFRP是最符合这些要求的材料之一。有学者研究了CFRP用于航空领域中的微波应用的可行性，以及在力学试验下的结构特性（图3.2）。数学模型和实验验证证明CFRP可以用于无金属化的波导结构。不仅有助于避免电偶腐蚀，且比用金属板成本大大降低。

将CFRP天线集成到航空航天器的结构（如机翼或机身）中，不仅可以降低飞机的重量和成本，其同时具有电磁功能和结构功能。用CFRP材料集成天线可以克服传统天线会增加气动阻力的缺点，提高飞行器的性能，这一概念被称为共形承重天线结构（CLAS）。隙缝波导天线刚化结构（SWASS）就是一种适用于航空器的CLAS。在SWASS中，薄蒙皮上的顶帽加强筋或夹层蒙皮上的叶片加强筋既支持结构负载，又可充当射频波导。通过外皮切入波导的槽缝产生隙缝波导天线阵列。CFRP材料具有较高的比刚度和比强度，以及较低的腐蚀和疲劳开裂敏感性，适用于需要轻量化的航空领域。

### 3.2.2　CFRP材料在汽车领域的应用

在汽车领域中，CFRP层压板主要用于制造大型低曲率构件（如发动机罩和车顶）。此外，用作汽车部件的CFRP通常由短碳纤维和回收碳纤维制成，以满足可重复性和低成本要求。因此，当这些汽车部件用作辐射天线的接地平面时，CFRP的张量电磁模型不是必需的。这些部件可以经过模具加工成相似度很高的简单各向同性材料。

未来几年，汽车领域将发生重大变化。内燃机已经逐渐淡出人们的视线，人机协同的自动驾驶汽车变得越来越普遍。未来的汽车能感知到它的行驶环境，同时利用周围物联网（IoT）的信息，主动地保护它的乘客和周围环境免受损害。汽车天线组件包含各种车载天线，一般位于车顶后部，长约20cm，高约10cm，可提供包括移动电话、定位系统、无线局域网（WLAN）、车对车和车对基础设施的通信和无线电等服务。DeLoach T R 和 Kusek W W 发明了一种特别适用于汽车和卡车的通信天线。该发明的天线由纤维增强树脂材料构成，含有以导电石墨束增强的纤维，其在张力下嵌入天线轴以提供高刚度，并与天线轴基部的金属天线引出端进行电气连接。研究者将用于汽车顶部的 CFRP 与作为天线接地面的铝板进行了对比。结果表明，不同层结构的 CFRP 对附近天线的辐射模式有较大的影响。Artner G 等介绍了一种用于车载天线的腔体，作为 CFRP 底座的一部分，可以集成到汽车车顶中。随着汽车越来越多地采用 CFRP 部件以优化重量和保持结构性能，近年来人们对具有通信和承重双重功能的 CFRP 天线也进行了广泛研究。

### 3.2.3 CFRP 材料在卫星领域的应用

未来的通信卫星将需要中型、轻质可展开的天线反射器，可以在卫星发射时以最小的形态封装起来，执行任务时再展开。Schmid M 等发明了一种薄板反射器，由薄片状的可展开面板组成，这些面板优选由 CFRP 制成，环绕排列在一个固定的中央反射盘四周，如图 3.4 所示。图中由 CFRP 制成的单个片状面板 P 与中心支撑环 R 紧密连接，该支撑环为卫星提供结构接口，也为反射器的三脚架/传输 TP 组件提供结构接口。此外，反射器的中心盘（CD）也被设计为薄壁 CFRP 膜单元，固定连接在中心支撑环 R 上（图 3.4）。每个薄板状面板 P 由空心 CFRP 骨架 RB 支撑，该骨架通过机械衬套将面板 P 连接到中心盘 DC 上。

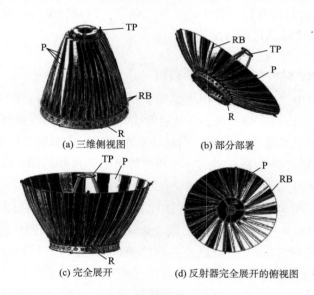

(a) 三维侧视图　　(b) 部分部署

(c) 完全展开　　(d) 反射器完全展开的俯视图

图 3.4　积载结构反射器

研究人员研发了一种可展开的超压缩螺旋 CFRP 天线，旨在增强用于海上监测的自动识别系统信号的接收。其中一种结构如图 3.5 所示，螺旋天线的展开轴向长度为 3.22m，直径为 58cm，而卷曲高度和直径仅为 5cm。该尺寸的天线适合接收 162MHz 的信号。使用超薄且较轻的 CFRP 复合材料可以实现极高的压缩比，可制成一个相对较大的天线，且存储在一个 10cm 边长的立方体卫星中，质量约为 163g。这对小型卫星平台和长波应用非常关键（如小型卫星）展开一个接地面，然后采用碳纤维增强塑料制成的螺旋臂，为天线单元的辐射函数提供了高封装效率和合适的几何形状。

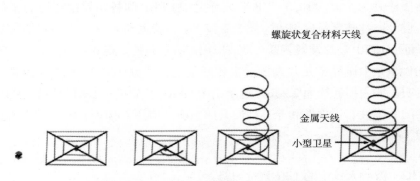

图 3.5　小型卫星平台部署的超紧凑螺旋天线

## 3.3　CFRP 微波组件

### 3.3.1　CFRP 天线的末端发射装置

末端发射式馈电可增加波导相控阵天线紧凑性。CFRP 波导末端发射装置是在不同频带的波导中实现的各种共线端部转换的基础上发展起来的。这些转换代表了用于波导技术的微波元件的类别。其中，最流行的是环路转换和阶梯或线性锥形脊波导部分。在这些发射装置中，接地是通过直接连接宽壁来实现的。可通过在宽壁上插槽内滑动的立柱来调整波导部分的阻抗，以增加匹配性。Wheeler 在 1957 年首次描述了环路转换。随后，环路末端馈电改进为多模相控阵元件。1976 年，Das 和 Sanyal 给出了同心环转换的公式。

通过调整 L 形环路的尺寸，使同轴线接收到的输入阻抗的实部等于同轴线的特征阻抗。通过试错法实现输入阻抗的抵消。Deshpande 及其合作者提出了一个改进的公式，该公式清晰地表示了与环路尺寸有关的输入阻抗的实部和虚部。中心和偏置环路馈电应用于圆形和矩形波导。

传统的金属波导馈电要求通过电气连接到波导壁接地线上。但对于 CFRP

波导来说不太现实，因为需要将每根纤维周围的 1 ~ 3μm 树脂表层磨掉，并与这些纤维进行电气连接。因此不适用于飞机上的 CFRP 波导天线。据报道，有研究者通过优化 CFRP 平面阵列面板，开发了一种环形末端发射器［图 3.2（a）］，其具有 9.375GHz 辐射缝，并可保持 CFRP 波导壁的完整性，且环路馈电不需要接地到宽壁上。Ellison B N 等还发现不连续的宽壁会降低波导组件的结构完整性。

铺层序列为［0，90］$_s$ 的 WR90 波导壁中 CFRP 的各向异性特性的张量描述可用于设计贴片式末端发射器［图 3.2（a）］。对贴片馈电端发射装置的仿真和测试结果证明 CFRP 贴片发射装置在微波应用中有可行性。在 30cm 长的［0，90］$_s$ 无缝 CFRP 波导中研究了贴片馈源。馈源经优化，可在 10GHz 下产生谐振。测试结果表明，插入损耗约为 2.2dB，这是由于 CFRP 波导损耗所引起的。CFRP 贴片发射器的紧凑性、再现性和兼容性使其成为航空应用 CFRP 平面天线的主要选择［图 3.2（d）］。

### 3.3.2 波导天线中的 CFRP 背短路

波导背短路又称波导短路，用于振荡器、检测器、混频器和倍增器等器件中的射频阻抗匹配，并在波导中产生驻波。波导背短路具有高反射性、无频率依赖性、可移动性、内置性、可锁定性、非局部场畸变性，并具有良好的重复性。背短路部分可以与全部或部分波导壁直接接触，也可不直接接触波导壁。

Bojovschi A 等报道了波导与由 CFRP 构成的接触波导短路的相互作用［图 3.2（c）］。同时在 WR-90 CFRP 波导中模拟和测量了这种背短路行为。图 3.6（a）所示为将 6 条 CFRP 背短路（背短路 -1）分别放置在参考平面时的实测平均反射系数及标准误差。CFRP 和铝背短路（背短路 -1，背短路 -2 和背短路 -4）的反射系数为 0.97 ~ 1，表现出良好的特性。如图 3.6（a）所示，铝背短路的反射系数比 CFRP 高约 0.007。

反射系数值略小的主要原因是 CFRP 表层厚度的损耗。这些损耗包括单位时间导体的平均焦耳损耗和电介质的平均功率损耗。反射相位角在 8GHz 左右为 179.00°，12GHz 左右为 178.25°。X 波段上约 0.75° 的偏差可以忽略，因为 TRL（Thru—Reflect—Line，穿透反射线）校准的精度为 0.05dB 的幅度和 1m 相位的测量带宽。因此参照文献，这些波导背短路的 X 波段上的相位可以认为是恒定相位。

CFRP 背短路的性能具有可比性，在某些情况下甚至超过了传统背短路的性能。CFRP 背短路的反射系数在参考平面上约为 0.98，X 波段透射率小于 0.001。

在 CFRP 结构中，CFRP 背短路的优点是兼容性，比金属材料具有更轻的重量和更好的耐电腐蚀性。这项工作的重要性在于，它首次提出了一种适用于轻质微波装置（如基于 CFRP 的波导阵列天线）的合适短路电路。

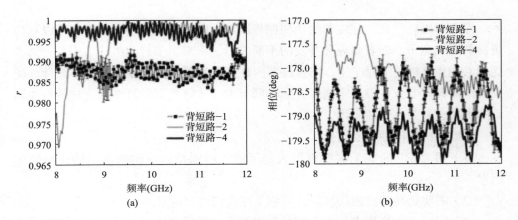

图 3.6　（a）6 条 CFRP 背短路（背短路 –1）和传统铝背短路（背短路 –2 和背短路 –4）的反射系数；（b）反射波在参考点的相位

### 3.3.3　天线用 CFRP 材料

天线是现代无线通信技术的基石，主要用来接收和发射电磁波，并充当自由空间和无线设备之间的介质。传统天线的一个最基本要求是其须为电导体。因此，大多数传统天线都由金属结构制成。对于需要轻量化的场合，金属材质显然无法满足。在各种结构的应用中，聚合物及其复合材料已经成为金属的轻量化替代品。尽管某些聚合物及其复合材料具有导电性或可制成导电材料。但这样的材料电导率往往较低，限制了其作为金属替代品在需要导电的场合的应用。

非金属或部分非金属的天线结构在使用传统金属天线的各种应用中具有相当大的用途。为了替代传统的全金属天线，研究人员提出了一种方案，即由导电碳纳米管或碳纤维作为聚合物基体填充材料制备成高导电性聚合物复合材料；有文献报道了碳纤维复合材料在射频识别（RFID）中的应用。研究结果表明，由 CFRP 制造的结构面板也可以替代传统的铝金属平面天线阵列，如图 3.2（d）所示。这项工作为在航空、汽车和卫星系统中开发具有电磁和结构作用的共形阵 CFRP 天线开辟了道路。

## 3.4　展望与挑战

综合考虑轻量化、强度和使用周期等因素，碳基材料在不久的将来可以与传统材料形成竞争。随着研究和开发的不断进行，未来很多行业将从中受益。为了优化 CFRP 材料的工程应用，仍有许多困难需要克服。需要在创新性、设计、研究和产品开发及业务发展等诸多方面协同努力，才能克服碳纤维复合材料行业面临的挑战，并开发创新应用。

需要解决的问题主要包括：

（1）对 CFRP 的加工需要更深入的了解，特别是影响纳米微结构完整性的因素。

（2）需要提高其抗损伤性能，特别是断裂韧性和延展性。

（3）需要进一步提高从工业废料和副产品中提取高质量、低成本的增强剂的工艺及方法。

（4）开发基于非标准碳纤维和基体的混合材料。

（5）提出基于性能特征和制造成本对 CFRP 进行有效分级的方法。

（6）开发简单、经济、便携的无损检测工具来量化碳纤维基复合材料中的不良缺陷。

事实证明，CFRP 可用于汽车零部件的设计和加工，不仅能够有效减重而且可以提高驾驶的安全性。例如，碳纤维增强热塑性复合材料在汽车碰撞试验中的比能量吸收远高于铝合金。因此，未来这方面的工作将对交通事故多发的运输行业大有裨益。

CFRP 材料的发展及应用不仅局限于军事领域，已逐渐向民用领域拓展，如由空中客车公司开发的商用客机采用了 CFRP 材料，将持续改善安全性和环境影响。材料性能的改善能提高飞机的飞行能力和操作感，为出行节约成本、节省时间。在不久的将来，空中客车公司还会将其在复合材料领域的创新成果应用于商业用途的无人机领域。

CFRP 的未来用途之一是制造自适应结构，这种结构可以在太空应用时自主地改变其几何结构和物理性能。除了目前在自动识别系统（AIS）卫星上的应用外，还有如由纤维复合材料制成的可展开螺旋天线的结构设计。最近 CFRP 用于制造小型卫星的超小型螺旋天线，使其未来在卫星方面的应用前景变得更明朗。

未来 CFRP 的挑战不仅围绕如何开发更先进的技术，还要考虑其对环境的影响。例如，基于 CFRP 的无人机系统不仅会破坏鸟类的栖息地和生命，还会对老鹰等动物造成伤害。因此，需要采用系统性思维方法来帮助优化新兴的碳纤维增强聚合物材料技术对环境的影响。设计和合成具有实用性、新颖性的材料是当代科学中最活跃的领域之一，它引起了科学活动的大爆发。机器学习（ML）技术能够在制造前预测新材料的性能，并有助于研究人员理解分子组成的微观特性和宏观材料性能之间的关系，这对材料设计是非常有利的。利用 ML 和人工智能（AI）设计具有机械、电磁和环境特性的智能 CFRP 材料，将在解决当前的一些挑战和重新定义其未来应用方面发挥关键作用。

# 参考文献

[1] Legein F, Lippens P, Pauwels M, Vanlandeghem A（2009）Method for pretreating fibre reinforced composite plastic materials prior to painting and method for applying a painting layer on fibre reinforced composite plastic materials. Patent no. US 2009/0311442 A1

[2] Nobuyuki A, Norimitsu N, Kenichi Y, Junko K, Hiroshi T（2013）A Prepreg and carbon fibre reinforced composite materials. Patent no. EP 2,666,807 A2

[3] Rese RP, Gossard TW Jr（1999）Near zero CTE carbon fibre hybrid laminate. Patent no. US 5,993,934

[4] Kruckenberg TM, Hill VA（2011）Method of making nanoreinforced carbon fibre and components comprising nanoreinforced carbon fibres. Patent no. US 2011/0001086 A1, 2011

[5] Zhao Q, Zhang K, Zhu S, Xu H, Cao D, Zhao L, Zhang R, Yin W（2019）Review on the electrical resistance/conductivity of carbon fibre reinforced polymer. Appl Sci 9: 1-2

[6] Kim HC, See SK（1990）Electrical properties of unidirectional carbon-epoxy composites in wide frequency band. J Phys D Appl Phys 23（7）: 916

[7] Ezquerra TA, Connor MT, Roy S, Kulescza M, Fernandes-Nascimento J, Baltá-Calleja FJ（2001）Alternating-current electrical properties of graphite, carbon-black and carbon-fibre polymeric composites. Compos Sci Technol 61（6）: 903-909

[8] Lee SE, Oh KS, Kim CG（2006）Electromagnetic characteristics of frequency selective fabric composites. Electron Lett 42（8）: 439-441

[9] Galehdar A, Nicholson KJ, Rowe WST, Ghorbani K（2010），The conductivity of unidirectional and quasi isotropic carbon fibre composites. In: The 40th

European microwave conference, pp 882–885

[10] Galehdar A, Nicholson KJ, Callus PJ, Rowe WST, John S, Wang CH, Ghorbani K (2012) The strong diamagnetic behaviour of uni-directional carbon fibre reinforced polymer laminates. J Appl Phys 112 (11): 113921

[11] Nicolson AM, Ross GF (1970) Measurement of the intrinsic properties of materials by timedomain techniques. IEEE Trans Instrum Meas 19 (4): 377–382

[12] Weir WB (1974) Automatic measurement of complex dielectric constant and permeability at microwave frequencies. Proc IEEE 62 (1): 33–36

[13] Vicente AN, Dip GM, Junqueira C (2011) The step by step development of NRW method. In: 2011 SBMO/IEEE MTT-S international microwave and optoelectronics conference (IMOC2011), pp 738–742. https://doi.org/10.1109/IMOC.2011.6169318

[14] Ghodgaonkar DK, Varadan VV, Varadan VK (1990) Free-space measurement of complex permittivity and complex permeability of magnetic materials at microwave frequencies. IEEE Trans Instrum Meas 39 (2): 387–394

[15] Galehdar A, Rowe WST, Ghorbani K, Callus PJ, John S, Wang CH (2011) The effect of plyorientation on the performance of antennas in or on carbon fibre composites. Prog Electromagn Res 116: 123–136

[16] Doan T, Walters A, Leat C. (2009) Characterisation of electromagnetic properties of carbon fibre composite materials. In: Electromagnetic compatibility symposium Adelaide, pp 87–91

[17] Galehdar A, Callus PJ, Ghorbani K (2011) A novel method of conductivity measurements for carbon-fibre monopole antenna. IEEE Trans Antennas Propag 59 (6): 2120–2126

[18] Holloway CL, Sarto MS, Johansson M (2005) Analyzing carbon-fibre composite materials with equivalent-layer models. IEEE Trans Electromagn Compat 47 (4): 833–844

[19] Wasselynck G, Trichet D, Ramdane B, Fouldagar J (2010) Interaction between electromagnetic field and CFRP materials: a new multiscale homogenization approach. IEEE Trans Magn 46 (8): 3277–3280

[20] Fouladgar J, Wasselynck G, Trichet D (2013) Shielding and reflecting effectiveness of carbon fibre reinforced polymer (CFRP) composites. In: International symposium on electromagnetic theory, pp 104–107

[21] Bojovschi A, Nicholson KJ, Galehdar A, Callus PJ, Ghorbani K (2012) The role of fibre orientation on the electromagnetic performance of waveguides manufactured from carbon fibre reinforced plastic. PIER B 39: 267–280

[22] Bojovschi A, Rudd M, Scott J, Ghorbani K (2017) The guide wavelength in a CFRP WR90 waveguide. In: Proceedings of Asia Pacific microwave conference

[23] Gray D, Nicholson KJ, Ghorbani K, Callus PJ (2010) Carbon fibre reinforced

plastic slotted waveguide antenna. In : Proceedings of Asia Pacific microwave conference, pp 307–310

[24] Galehdar A, Rowe WST, Ghorbani K, Callus PJ, John S, Wang CH (2012) A frequency selective polarizer using carbon fibre reinforced polymer composite. Prog Electromagn Res C 25: 107–118

[25] Mehdipour A, Sebak A-R, Trueman CW, Rosca ID, Hoa SV (2011) Performance of microstrip patch antenna on a reinforced carbon fibre composite ground plane. Microw Opt Technol Lett 53 (6): 1328–1331

[26] Galehdar A, Callus PJ, Rowe WST, Wang CH, John S, Ghorbani K (2012) Capacitively fed cavity-backed slot antenna in carbon-fibre composite panels. IEEE Antenna Wireless Propag Lett 11: 1028–1031

[27] Bojovschi A, Rowe WR, Wong KL (2010) Electromagnetic field intensity generated by partial discharge in high voltage insulating materials. Prog Electromagn Res 104: 167–182

[28] Megali G, Pellicano D, Cacciola M, Calcagno S, Versaci M, Morabito FC (2010) EC modeling and enhancement signals in CFRP inspection. Prog Electromagn Res M 14: 45–60

[29] Knott G, Viquerat Andrew A, Bojovschi A (2018) Design of deployable helical antennas for space-based automatic identification system reception. In : Proceedings of emerging sensing technologies summit 2018, pp 1–9

[30] Sanjuan J, Preston A, Korytov D, Spector A, Freise A, Dixon G, Livas J, Mueller G (2011) Carbon fibre reinforced polymer dimensional stability investigations for use on the laser interferometer space antenna mission telescope. Rev Sci Instrum 82: 124501-1–124501-11

[31] Bojovschi A, Scott J, Ghorbani K (2013) The reflectivity of carbon fibre reinforced polymer short circuit illuminated by guided microwaves. Appl Phys Lett 103: 111910-1–111910-5

[32] Bojovschi A, Gray D, Ghorbani K (2013) A loop-type end launcher for carbon fibre reinforced polymer waveguides. PIER M 31: 13–27

[33] Lockyer AJ, Alt KH, Coughlin DP, Durham MD, Kudva JN, Goetz AC, Tuss J (1999) Design and development of a conformal load-bearing smart skin antenna : overview of the AFRL smart skin structures technology demonstration ($S^3TD$). Proc SPIE 3674: 4010–4024

[34] Callus PJ (2008) Novel concepts for conformal load-bearing antenna structure. Report No. DSTO-TR-2096, Defence Science and Technology Organisation, Australia

[35] Callus PJ, de LaHarpe JCD, Tuss JM, Baron WG, Kuhl DG (2012) Slotted waveguide antenna stiffened structure. United States Patent No. 8149177, April 3

[36] Nicholson KJ, Callus PJ (2010) Antenna patterns from single slots in carbon

fibre reinforced plastic waveguides. Report No. DSTO-TR-2389, Defence Science and Technology Organisation, Australia
[37] Stevenson AF (1948) Theory of slots in rectangular waveguides. J Appl Phys 19: 24-38
[38] Golfman Y (2011) Hybrid anisotropic materials for structural aviation parts. Taylor & Francis Group, Boca Raton
[39] Niu MCY (1996) Composite airframe structures, 2nd edn. Conmilit Press Ltd., Hong Kong
[40] Callus PJ, Nicholson KJ, Bojovschi A, Ghorbani K, Baron W, Tuss J (2012) A planar antenna array manufactured from carbon fibre reinforced plastic. In: 28th International congress of the aeronautical sciences, pp 1-10
[41] Bojovschi A, Nicholson KJ, Ghorbani K (2018) Load bearing slotted waveguide carbon fibre reinforced polymer antenna stiffened structure. In: Emerging sensing technologies summit 2018
[42] DeLoach TR, Kusek WW (1979) Whip antenna formed of electronically conductive graphite strands embedded in a resin material. Patent no. US 4, 134, 120
[43] Artner G, Langwieser R (2017) Performance of an automotive antenna module on a carbonfibre composite car roof. In: 10th European conference on antennas and propagation (EuCAP), pp 1-4
[44] Ekiz L, Thiel A, Klemp O, Mecklenbrauker CF (2013) MIMO performance evaluation of automotive qualified LTE antennas. In: 7th European conference on antennas and propagation (EuCAP)
[45] Artner G, Langwieser R, Lasser G, Mecklenbrauker CF (2014) Effect of carbon-fibre composites as ground plane material on antenna performance. In: IEEE-APS topical conference on antennas and propagation in wireless communications (APWC)
[46] Artner G, Langwieser R, Mecklenbräuker CF (2017) Concealed CFRP vehicle chassis antenna cavity. IEEE Antennas Wireless Propag Lett 16: 1415-1418
[47] Artner G, Kotterman W, Galdo GD, Hein MA (2018) Conformal automotive roof-top antenna cavity with increased coverage to vulnerable road users. IEEE Antennas Wireless Propag Lett 17 (12): 2399-2403
[48] Schmid M, Scheulen D, Barho R, Weimer P (2004) Deployable antenna reflector. Patent no. EP 1 386 838 A1
[49] Knott G, Wu C, Viquerat Andrew A (2019) Deployable bistable composite helical antennas for small satellite applications. In: Proceedings of AIAA SciTech 2019 Forum, AIAA. https://doi.org/10.2514/6.2019-1260
[50] Knott G, Viquerat A (2019) An ultra-compact helical antenna for small satellites. In: 70th international astronautical congress. International Astronautical

Federation, Washington, DC

[51] Knott G, Viquerat A (2019) Helical bistable composite slit tubes. Compos Struct 207: 711-726

[52] Chan KK, Martin R, Chadwick K (1998) A broadband end launcher coaxial-to-waveguide transition for waveguide phased arrays. In: Proceedings of IEEE, pp 1390-1393

[53] Deshpande MD, Das BN, Sanyal GS (Aug. 1979) Analysis of an end launcher for an X-band rectangular waveguide. IEEE Trans Microw Theory Tech 27 (8): 731-735

[54] Saad SM (Feb. 1990) A more accurate analysis and design of coaxial-to-rectangular waveguide end launcher. IEEE Trans Microw Theory Tech 38 (2): 129-134

[55] Levy R, Hendrick LW (2002) Analysis and synthesis of in-line coaxial-to-waveguide adapters. In: Proceedings of IEEE microwave symposium, Seattle, USA, pp 809-811

[56] Dix JC (1963) Design of waveguide/coaxial transition for the band 2.5-4.1 Gc/s. Proc Inst Electr Eng 110 (2): 253-255

[57] Wheeler GJ (1957) Broad band waveguide to coaxial transitions. IRE Convention Record Part 1, pp 182-185

[58] Tang R, Wong NS (1968) Multimode phased array element for wide scan angle impedance matching. Proc IEEE 56: 1951-1959

[59] Das BN, Sanyal GS (1963) Coaxial to waveguide transition (end launcher type). In: Proceedings of the Institute of Electrical Engineers, London, vol 110, pp 253-255

[60] Ellison BN, Little LT, Manncm, Matheson DN (1991) Quality and performance of tunable waveguide backshorts. Electron Lett 27: 139-141

[61] Bilik V, Bezek J (2006) Noncontacting R26-waveguide sliding short for industrial applications. In 2006 European microwave conference, Manchester, pp 1032-1035

[62] Eisenhart RL, Monzello RC (1982) A better waveguide short circuit. In: IEEE MTT-S international microwave symposium digest, Dallas, TX, USA, pp 360-362

[63] Brewer MK, Raisanen AV (1982) Dual-harmonic noncontacting millimeter waveguide backshorts: theory, design, and test. IEEE Trans Microwave Theory Tech 30 (5): 708-714

[64] Weller TM, Katehi LPB, McGrath WR (1995) Analysis and design of a novel noncontacting waveguide backshort. IEEE Trans Microw Theory Tech 43 (5): 1023-1030

[65] McGrath WR, Weller TM, Katehi LPB (1995) A novel noncontacting

waveguide backshort for submillimeter wave frequencies. Int J Infrared Millim Waves 16: 237-256

[66] Kerr AR (1988) An adjustable short-circuit for millimeter waveguides. Electronics Division Internal Report No. 280. National Radio Astronomy Observatory, Charlottesville, VA

[67] Gould WI Jr., Evans J (1973) Millimeter wave antenna system. Patent no 3, 716, 869

[68] Jonda W (1978) Lightweight structural part formed of carbon fibre-reinforced plastic. Patent no US 4, 092, 453

[69] Curran S, Talla J, Dias S (2012) Antennas based on a conductive polymer composite and method for production thereof. Patent no. US 8, 248, 305 B2

[70] Konanur AS, Karacaoglu U (2016) Magnetic field pass through surfaces in carbon fibre reinforced polymer. Patent no. US 9, 252, 482, B2

[71] Mehdipour A, Rosca ID, Sebak A-R, Trueman CW, Hoa SV (2010) Advanced carbon-fibre composite materials for RFID tag antenna applications. ACES J 25 (3): 218-229

[72] Jerome P (2001) Composite materials in the Airbus A380-from history to future. In: Proceedings of 13th ICCM conferences, Beijing, China

[73] Miura K, Furuya H (1988) Adaptive structure concept for future space applications. AIAA J 26 (8): 994-1002

[74] Sproewitz T, Block J, Bäger A, Hauer L, Schuetze M (2011) Deployment verification of large CFRP helical high-gain antenna for AIS signals. In: Proceedings of aerospace conference, pp 1-12

[75] Rebolo-IfránN, Grilli MG, Lambertucci SA (2019) Drones as a threat to wildlife: YouTube complements science in providing evidence about their effect. Environ Conserv 46 (3): 205-210

[76] Le T, Epa VC, Burden FR, Winkler DA (2012) Quantitative structure-property relationship modeling of diverse materials properties. Chem Rev 112 (5): 2889-2919

[77] Le TC, Winkler DA (2016) Discovery and optimization of materials using evolutionary approaches. Am Chem Soc 116 (10): 6107-6132

# 第4章 压缩载荷下隙缝波导天线加强筋的结构设计与优化

Woon Kim　Robert A. Canfield　William Baron　James Tuss　Jason Miller

## 4.1 引言

隙缝波导天线加强筋结构（SWASS）的开发旨在提高飞机机翼或机身的结构强度和刚度，同时评估其电磁（EM）或射频（RF）性能。SWASS 的本质是通过将飞机结构的蒙皮变成雷达阵列来创建一个共形承重天线结构（CLAS）。

图 4.1 为一个天线集成结构示意图。其主要的好处是使天线重量减轻。常规雷达一般安装在飞机雷达罩内，以最大限度地减少对空气动力负荷的影响；但因其相当笨重，会给飞机增加很大的重量。但若采用 SWASS，由于其具有蜂窝状结构，就有可能降低整个飞机的重量，同时又保持结构强度。此外，由于 SWASS 利用整个飞机蒙皮结构作为雷达天线，因此可以显著提高雷达性能。因此 SWASS 也可归类为一种高端的 CLAS，由于其良好的特性，如飞机和天线结构的多功能完整性，已受到广泛关注。Callus 介绍了 CLAS 的发展历史以及各种类型的天线集成结构。

业内对 SWASS 的研究重点是如何通过加强坚固性和稳定性来改善其结构性能。Sabat 和 Palazotto 通过一个单一复合矩形波导研究了 SWASS 的结构失效和潜在的结构不稳定性，并将单轴压缩载荷下的模拟结果与实验结果进行了对比验证。Kim 等对 4 种新型 SWASS 设计进行了建模和分析。

Ha、Canfield 和 Kim 等提出了 WR-90 波导的最佳设计，以最大限度地提高其电磁性能。研究人员通过改变波导的几何参数，研究了无线电波模式灵敏度的变化趋势。Smallwood 等研究了联合翼飞机上的偶极子天线嵌入结构，以考察与飞机结构相关的射频性能灵敏度。他们还研究了与空气动力负荷相关的结构变形对射频性能灵敏度的影响。Knutsson 等寻找既可以减轻重量，又能提高电气性能的 CFRP 材料。

SWASS 设计旨在最大限度地减少重量和提高结构强度。本章主要介绍了 3 个内容。

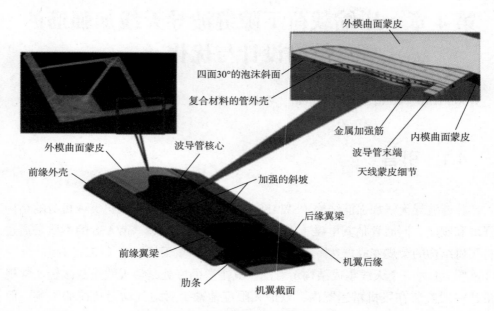

图 4.1　SWASS 集成结构示意图

（1）低保真二维和高保真三维复合材料的建模及验证。
（2）SWASS 的 4 种设计理念。
（3）对 SWASS 的 4 种设计理念的优化及实验验证的非线性分析。

图 4.2 对 4 种 SWASS 新设计的结构分析和评估。这些不同的复合结构具有以下性能特点：

（1）在压缩载荷条件下的结构稳定性。
（2）与金属增强材料相比，具有高的有效质量比。
（3）具有传输电磁信号的导电性。

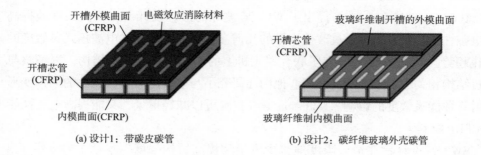

第 4 章　压缩载荷下隙缝波导天线加强筋的结构设计与优化

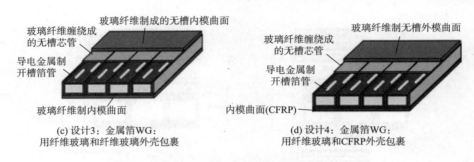

(c) 设计3：金属箔WG：
用纤维玻璃和纤维玻璃外壳包裹

(d) 设计4：金属箔WG：
用纤维玻璃和CFRP外壳包裹

图 4.2　缝隙波导天线加强筋结构的 4 个设计理念

## 4.2　SWASS 的设计理念

现将 4 种设计的特点及区别详述如下：设计 1 的波导管内外面板由碳纤维构成，具有承重能力。这种结构可有效支持多种负载，并防止屈曲和纤维应变失效。此外，由于碳纤维具有导电性，电磁信号也可以被此波导管引导。由于碳纤维面板也是导电的，所以必须在顶部蒙皮上开缝，以克服该问题，但这就削弱了结构刚度。与设计 1 相似，设计 2 只是将其面板材料改为玻璃纤维增强的材料，由于其是电磁透明的，因此，在顶部蒙皮上不需要额外开缝，这样即使玻璃纤维本身的刚度低于碳纤维，但最终的结构强度也会更高。

设计 3 与设计 1、设计 2 不同，它由薄铜箔波导管来传导电磁信号。只在金属箔波导开缝，这对机械强度的影响相对较小。其面板由玻璃纤维增强材料构成，电磁可透过，因此，不需要给外壳的额外开缝。设计 4 与设计 3 大体相同，只是将底板的内模曲面（IML）材料更换为碳纤维，以进一步增加其刚度。图 4.3 为空军研究实验室（AFRL）SWASS 测试样品堆叠方式示意图。

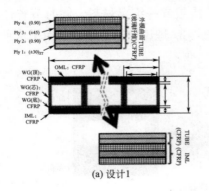

(a) 设计1

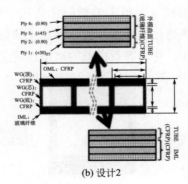

(b) 设计2

图 4.3

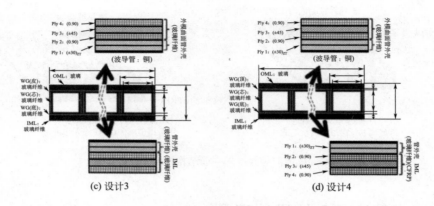

图 4.3　4 种 SWASS 设计的堆叠结构

## 4.3　等效二维建模

本节将介绍二维等效模型的数学推导，它与蜂巢式三明治结构模型类似，根据其固有的材料特性和几何形状，建模时可从三维简化为二维。分析方法遵循经典薄板理论的假设，包括一阶剪切变形，并与更接近分析模型的二维有限元模型进行比较。

### 4.3.1　核心网络的等效建模

为了进行模型的比较和验证，考察了两种等效模型配置，简化了波导管刚度模拟，图4.4（a）为等效核心，图4.4（b）为等效梁刚度。第一种配置是将波导材料涂在简化为均质的核心上，而第二种配置是将波导核心建模为增强梁。

等效建模的好处是简化了 SWASS 的复杂三维复合结构，如将内部结构中的复合腹板柱或面板上的槽简化为相应的二维板或一维梁材料，同时节省计算成本。这些简化的配置可进一步弱化狭缝的影响。理论计算的结果证明了这种方法的准确性，并为等效模型的适用性建立了标准。

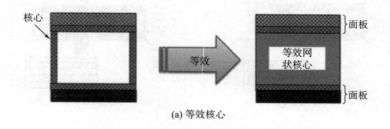

(a) 等效核心

# 第 4 章 压缩载荷下隙缝波导天线加强筋的结构设计与优化

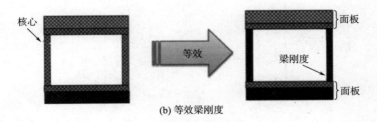

(b) 等效梁刚度

图 4.4 等效模型的两种构型

### 4.3.2 数学建模

二维等效模型的一般表达式由主要的虚拟出来的。

$$\delta U + \delta V = \delta \Pi = 0 \quad (4.1)$$

其中，$U+V=\Pi$ 是总势能，$\delta U$ 是虚拟应变能，$\delta V$ 是外力做的虚拟功。具体来说，虚拟应变能（$\delta U$）可表示为：

$$\delta U = \int_V \left[ \sigma_{xx}\delta\varepsilon_{xx} + \sigma_{yy}\delta\varepsilon_{yy} + 2\sigma_{yz}\delta\gamma_{yz} + 2\sigma_{xz}\delta\gamma_{xz} + 2\sigma_{xy}\delta\gamma_{xy} \right] dV \quad (4.2)$$

由经典的层状板理论可知，应变分量可以表示为：

$$\begin{aligned}
\varepsilon_{xx} &= \varepsilon_{xx}^0 + z\kappa_x \\
\varepsilon_{yy} &= \varepsilon_{yy}^0 + z\kappa_y \\
\varepsilon_{yz} &= \varepsilon_{yz}^0 \\
\varepsilon_{xz} &= \varepsilon_{xz}^0 + \varepsilon_{xy} = \varepsilon_{xy}^0 + z\kappa_{xy}
\end{aligned} \quad (4.3)$$

其中，板曲率 $\kappa_x$、$\kappa_y$ 和 $\kappa_{xy}$ 由以下公式给出：

$$\kappa_x = -\frac{\partial \phi_x}{\partial x}, \quad \kappa_y = -\frac{\partial \phi_y}{\partial y}, \quad \kappa_{xy} = -\left( \frac{\partial \phi_x}{\partial y} + \frac{\partial \phi_y}{\partial x} \right) \quad (4.4)$$

对于二维建模，可将 SWASS 横截面分为 3 个部分：顶部、底部面板以及夹在中间的腹板。假设顶部和底部蒙皮支持轴向和弯曲方向的剪切载荷，可以将其视为薄板。腹板芯可通过增加弯曲刚度来改善结构响应。为简单起见，假设腹板芯主要受横向剪切力和 $X$ 方向的正应力。因此，分布在横截面上的应力分量可以用面板和等效腹板芯来表示。第 $k$ 层层压板和腹板芯的应力—应变构成关系可表示为：

$$\left\{\begin{array}{c}\sigma_{xx}\\ \sigma_{yy}\\ \sigma_{yz}\\ \sigma_{xz}\\ \sigma_{xy}\end{array}\right\}_{(k)} = \left[\bar{Q}_{ij}\right]_{(k)}^{\text{层压板}+\text{腹板芯}} \left\{\begin{array}{c}\varepsilon_{xx}\\ \varepsilon_{yy}\\ \varepsilon_{yz}\\ \varepsilon_{xz}\\ \varepsilon_{xy}\end{array}\right\}_{(k)} \quad (4.5)$$

其中，$\bar{Q}_{ij}$ 是与坐标系中 $x$ 轴和 $y$ 轴对齐的转换刚度矩阵的一个元素。应力和应变本构关系的推导可以在相关文献中找到。假设每个层压板蒙皮处于平面应力状态，即延 $z$ 轴的法向应力为零。假定这些层板完全黏合在一起，并会随着中间平面法线的旋转而产生线性变形。

将公式（4.3）和公式（4.5）与面内力和力矩结果一起代入公式（4.2），面内刚度矩阵 [**A**]、面内和面外耦合刚度 [**B**]、以及弯曲刚度矩阵 [**D**] 可表示为：

$$A_{ij} = \sum_{k=1}^{N_k}\left(\bar{Q}_{ij}\right)_k (z_k - z_{k-1}) + A_{ij,\text{等效网}}$$

$$B_{ij} = \frac{1}{2}\sum_{k=1}^{N_k}\left(\bar{Q}_{ij}\right)_k (z_k^2 - z_{k-1}^2) + B_{ij,\text{等效网}} \quad (4.6)$$

$$D_{ij} = \frac{1}{3}\sum_{k=1}^{N_k}\left(\bar{Q}_{ij}\right)_k (z_k^3 - z_{k-1}^3) + D_{ij,\text{等效网}}$$

$$i,j = 1,2,6$$

式中，$N_k$ 为层压板的总层数；$z_k$，$z_{k-1}$ 为从参考平面到第 $k$ 层两个表面间的距离。

根据这两种配置可得到一组等效的腹板芯刚度矩阵，$A_{ij,\text{等效网}}$、$B_{ij,\text{等效网}}$、$D_{ij,\text{等效网}}$，详细内容见后序章节。

对于横向剪切刚度矩阵：

$$K_{ij} = \sum_{k=1}^{N}\left(\bar{Q}_{ij}\right)_k (z_k - z_{k-1}), \quad i,j = 4,5 \quad (4.7)$$

横向剪切刚度的表达式可以在一阶变形的假设下，由应变能量平衡计算出来。

#### 4.3.2.1 等效核心：体积分数法

假设载荷均匀地分布在腹板芯部，因此刚度可以分摊在等效的单层板上。杨氏模量（$E^*$）和剪切模量（$G^*$）的等效材料特性可以用体积分数系数（$\alpha$）表示。

$$E^* = \alpha E$$
$$G^* = \alpha G$$
$$\alpha = \frac{V_c - V_w}{V_c} \quad (4.8)$$

式中，$E$ 为杨氏模量；$G$ 为剪切模量；$V_c$ 为内部核心结构空间的总体积；$V_w$ 为腹板的总体积。因此，三个等效刚度矩阵 $A_{ij,\text{等效网}}$、$B_{ij,\text{等效网}}$、$D_{ij,\text{等效网}}$ 是针对单个等效板层计算的。

#### 4.3.2.2 等效梁

在第二个模型中，将剪切腹板视为梁，以承载平面内荷载和剪切荷载。根据 Timoshenko-beam 理论，耦合控制方程为式（4.9）：

$$\frac{\partial}{\partial x}\left[\kappa^2 AG\left(\frac{\partial w}{\partial x} - \psi\right)\right] + p = 0$$
$$D\frac{\partial^2 \psi}{\partial x^2} + \kappa^2 AG\left(\frac{\partial}{\partial x} - \psi\right) = 0 \quad (4.9)$$

式中：$w=w(x)$ 为横向挠度；$\psi=\psi(x)$ 为弯曲斜率；$\kappa^2$ 为形状因子；$G$ 为剪切模量；$p=p(x)$ 为沿梁长度方向施加的外力；$D$ 为弯曲刚度。

在该方法中，由于将梁加强筋的中性轴设置为中性平面的位置，因此忽略耦合矩阵 $B_{ij,\text{等效网}}$，并将 $A_{ij,\text{等效网}}$ 和 $D_{ij,\text{等效网}}$ 解耦并建模为梁。

#### 4.3.2.3 槽的模糊算法模型

模槽的等效板模糊模型采用了与等效核心模型类似的带槽板层的体积分数。槽的等效板模糊模型的等效刚度用体积分数系数（$\alpha$）表示，如式（4.10）所示。

$$\alpha = \frac{V_f - V_s}{V_f} \quad (4.10)$$

式中：$V_f$ 为整个顶面板的总体积；$V_s$ 为槽的总体积。

### 4.3.3 模型验证

为了验证等效刚度模糊算法模型的准确性，进行了有限元方法（FEM）建模，以考察与设计 1 的解析近似值的相关性。对于这个薄板模型，长度 $a$ 和宽度 $b$ 是高度 $h$ 的 10 倍。利用 NASTRAN 的 FEMAP 软件来为具有等效核心结构的复合材料层建模。层压蒙皮板使用了 QUAD4 壳单元。表 4.1 给出了详细的材料特性。

表 4.1 材料性质

| 性能参数 | CFRP | 玻璃纤维 | 铜 |
|---|---|---|---|
| $E1$（$\times 10^6$psi①）（GPa） | 20.1（138.6） | 7.8（54.8） | 18.0（124.1） |
| $E2$（$\times 10^6$psi）（GPa） | 1.2（8.3） | 2.6（18.0） | 18.0（124.1） |
| $G12$（$\times 10^6$psi）（GPa） | 0.6（4.1） | 1.3（9.0） | 6.72（46.3） |
| $G23$（$\times 10^6$psi）（GPa） | 0.72（5.0） | 0.5（3.4） | 6.72（46.3） |
| $G13$（$\times 10^6$psi）（GPa） | 0.72（5.0） | 1.3（9.0） | 6.72（46.3） |
| $v_{12}$ | 0.26 | 0.25 | 0.34 |
| $\rho$（lb/in³②）（g/mm³） | 0.0659（0.0018） | 0.0686（0.0019） | 0.322（0.0089） |

① 1psi=6.895kPa=0.0689476bar=0.006895MPa，意为磅/平方英寸。
② 1lb/in³=2.768×10⁷g/m³，意为磅/立方英寸。

图 4.5 展示了 FEM 等效模型的无因次屈曲载荷以及在 4 个压缩单轴载荷下，长宽比（$a/b$= 长/宽）函数的理论计算结果。两个等效配置（即等效核心和等效梁加强筋）匹配良好。对比分析模型和等效模型的结果可以发现，在半正弦模式（$m=1$，$n=1$）下，计算结果的误差在 8% 以内。在更高的（非临界）模式下，误差增加。在所有 3 个长宽比（$a/b=1$，2 和 3）条件下，有限元方法的临界屈曲载荷值与分析法所得的临界值更接近，而其高屈曲载荷值与分析值则相差相对较大。

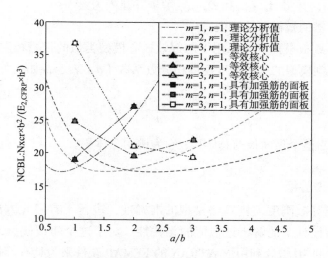

图 4.5 体积分数法与无缝隙理论方法的比较

图 4.6 为屈曲载荷随槽尺寸变化的趋势。将归一化屈曲载荷的优值图绘制为

体积分数因子（$\alpha$）的函数。从这两个等效模型中很容易看出，随着槽体积增加和刚度的降低，屈曲载荷（lbf）下降。在 $\alpha=0.9$ 时，等效模型与有限元模型中的槽相比，有明显的差异。显然，与三维 FEM 模型相比，这种槽的模糊算法模型与实际值具有很高的近似性。

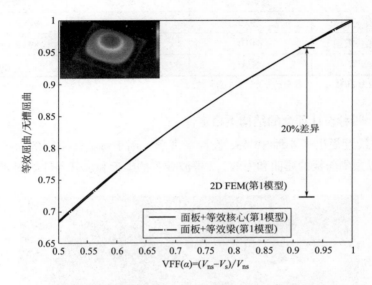

图 4.6　缝隙体积分数效应：单轴压缩载荷下的 4 个简支边

## 4.4　三维有限元板模型

与 Sabat 和 Palazotto 研究的实体有限元模型的比较，对三维板模型的屈曲响应进行了评估，并扩展到 4 种 SWASS 设计理念的应用。

### 4.4.1　三维板有限元模型的验证

将三维板模型与之前模拟单个矩形管 CFRP 复合结构的模拟研究工作进行了比较。

表 4.2 为开槽式和无槽式单波导管临界屈曲载荷的模拟结果。从表中可以看出，Sabat 的模型和三维板模型之间的屈曲载荷的差异小于 3%。三维板有限元模型与 Sabat 的三维实体有限元模型匹配度很高，而三维板有限元模型的元素数量明显少于 Sabat 的实体模型。从表中可以看出，三维板模型比 Sabat 的模型效率

更高,不仅节省了计算成本,而且相对更准确。然而,这两种模拟结果与实验结果都不太相符。需要进一步的研究来解释这种差异。

表 4.2 Sabat 模型与三维板模型的屈曲载荷($lb_f$)比较

| | 实验结果 | Sabat 模型 | 三维板模型 |
|---|---|---|---|
| 无槽式(第一模型) | 730.0 | 938.7(28.6%) | 928.9(27.4%) |
| 开槽式(第一模型) | 640.0 | 863.3(35%) | 892.2(39.4%) |
| #代表元素 | N/A | 约 40000 | 约 1000 |

注 ( )中为 FEM 与实验数据的差异;N/A 指未检出。

### 4.4.2 四种设计理念的结构不稳定性

AFRL 最近提出了 4 种 SWASS 设计新理念,用于参数化不同的面板尺寸和边界条件,以预测面板的屈曲和失效。3 根波导管的坐标和加载条件如图 4.7 所示。

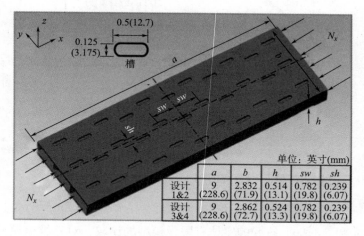

图 4.7 SWASS 夹层结构板中 3 根波导管的单轴加载结构

屈曲模式形状变形的等值线如图 4.8 所示。简支(SS)情况下横向挠度与欧拉梁柱行为类似,表现为一个半正弦波(称为全局模式),如图 4.8(a)所示。在图 4.8(b)中显示了夹持—夹紧(CC)情况下的另一种挠度模式。在顶部面板层可以看到许多正弦波(称为局部模式),这些板层在结构上被槽削弱了。图 4.8(c)中显示了一个有意思的结果,一般认为顶部面板层刚度更小,然而在设计 4 的底部面板上发现了局部屈曲,而不是顶部则未发现。这表明,当施加单轴压缩载荷时,底面层承受更多载荷,并首先发生屈曲。

# 第 4 章 压缩载荷下隙缝波导天线加强筋的结构设计与优化

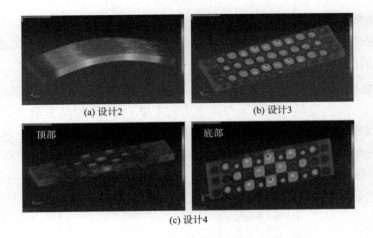

(a) 设计2　　　　　　　　(b) 设计3

(c) 设计4

图 4.8　屈曲模态振型轮廓

图 4.9 为波导结构的三维板模型屈曲比较。它们是三管隙缝波导，两端的边界条件分别为简支（SS）和夹持—夹紧（CC），在波导管横截面上有分布式单轴压缩载荷。临界屈曲是由设计 1 在 SS 边界条件下的第一个整体屈曲经归一化而得。SS 作为两端边界条件可能不现实，但其可用作比 CC 边界条件更保守的屈曲载荷的下限。当隙缝波导设计为纤维增强蒙皮的薄金属箔管时，其局部屈曲载荷高约 1.5 倍（见设计 3 和设计 4）。而设计 1 和设计 2，采用碳纤维管与复合层板蒙皮，则具有较低的临界屈曲载荷。

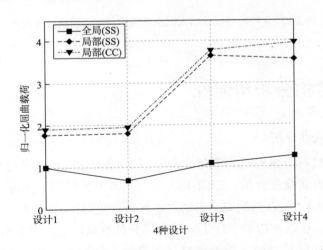

图 4.9　三管开槽波导的屈曲响应

图 4.10 为 4 种波导设计的无因次单轴归一化的屈曲载荷曲线。纵轴为重量归

一化的屈曲载荷，其中归一化屈曲系数是除以设计1中样品重量所得。与图4.9中的归一化屈曲系数相对应，图4.10中也有3条曲线。最重要的是，该图提供了考虑质量比的屈曲变化，并提供了轻量化设计标准曲线，其中：

重量归一化屈曲系数 = 屈曲载荷 / 设计1时的第一全局屈曲载荷（SS）

重量归一化 = 每个概念的重量 / 设计1时的重量

在局部屈曲中，薄金属箔复合波导具有较高的刚度和重量效率，尽管它们是由具有较高质量密度的金属箔组成。对于整体屈曲，设计1具有良好的质量效率，因为它是一种复合结构，并且是4种设计中最轻的。

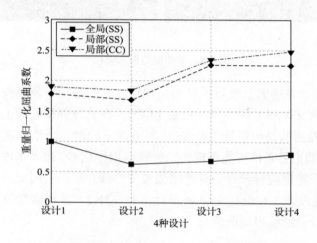

图4.10　4种波导设计的无因次单轴归一化的屈曲载荷曲线

## 4.5　结构分析和评价

### 4.5.1　非线性分析

对由复合材料面板构成的具有SWASS夹层结构的三管波导进行建模，用于有限元（FEM）非线性分析。如图4.11所示，考虑各种边界条件，图中单位为英寸。图4.11（a）为在两端完全夹紧的边界条件（简称完全CC）下，即自由度为0时的结果。在这种边界条件下，端角部分具有高应变（或应力），这使得分析相当保守。实际设计时，应考虑这些区域的实际情况。如图4.11（b）所示，松散夹持的边界条件（简称松夹CC）的夹紧程度较低。宽（$y$轴）和横向（$z$轴）方向大部分是自由的，因此减少了边和角附近的集中应力或应变区。松散夹持的

## 第4章 压缩载荷下隙缝波导天线加强筋的结构设计与优化

末端消除了由设计所致的局部末端效应。

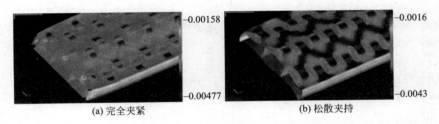

图4.11 两种不同的边界条件下在纤维方向上的顶部和底部表面的轮廓（设计1）

图4.12显示了4种SWASS设计中沿纤维方向上的应变与压缩载荷的关系。应用的设计负载12000lbf❶（53.4kN）由设计4的圆形标记线确定。有限元模型中的应变是预计纤维中应变最大的外层表面的应变。图中的虚线代表应变极限。其中，AFRL提供的纤维方向的应变极限为4000。而对于可承受的压缩载荷，参考设计4关于屈曲分析的研究结果，当金属波导支撑载荷（承重波导）时，设计4的结构阻力最大。图4.12（d）中的横向挠度曲线（圆圈标记）表示最大横向挠度区域的纤维应变，这与屈曲的路径有关。通过非线性载荷—挠度分析，纤维应变在（局部）屈曲之前达到了允许的应变。即允许的应变约束可防止屈曲加重。应变极限对应于53.4kN（12000磅力）的压缩载荷，这是用于优化的最大设计载荷。

### 4.5.2 结构优化

在SWASS结构优化中，减轻重量至关重要，同时还要达到足够的刚度和强度来承受载荷。需考虑的失效标准是设计中的应变极限和临界屈曲模式，如上节所示，可通过非线性分析确定。NASTRAN优化算法常用于分析复合层厚度的设计变量，如式（4.11）所示。其中 $W$ 是重量，$d_s$ 是结构设计变量的向量。

$$\frac{\min W}{d_s} = f(d_s) \quad (4.11)$$

设计应变极限：

$$\varepsilon_f \varepsilon_{f,d} \leqslant =4000\mu\varepsilon$$

应用设计载荷：

$$P_{cr} \leqslant P_x = 12000\text{lbf}$$

图4.13总结了4种SWASS设计在优化前后的重量变化。在最初的设计中，

---

❶ 1000lbf=4.45kN。

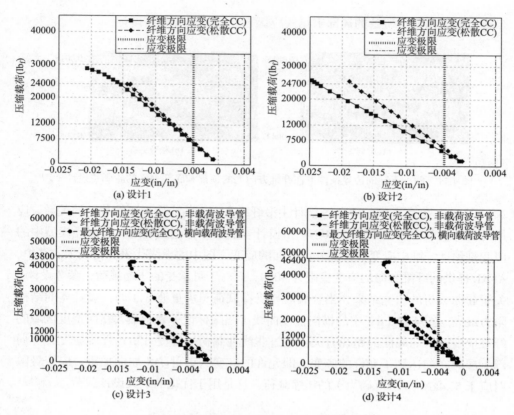

图 4.12 初始设计时压缩载荷作用下纤维方向的应变

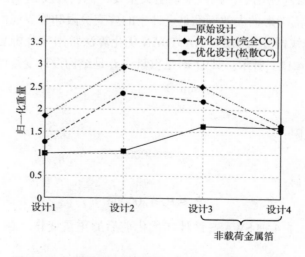

图 4.13 优化前后 4 种不同的 SWASS 设计的重量效率

设计1采用的是最轻的复合材料结构，因为碳纤维的质量密度最低，由于选用的是铜金属箔，设计3和设计4是最重的。菱形和圆形分别代表不同边界条件下优化后的曲线。菱形代表两端完全夹紧的CC边界条件，圆圈代表松散夹持的CC边界条件。它们会影响优化后的重量，因为完全夹紧CC的边界条件时，4角高度集中的载荷使得优化后的层厚度比松散CC情况下增加更多。

设计1和设计2增加了整体复合层厚度，以满足优化后的最终应变设计标准，从而导致重量增加。由于CFRP的结构刚度大，与设计2相比，设计1的重量变化较小。在4种设计中，设计2的重量增加率（或层压板厚度增加率）最高。分析可能有两个原因。一是，与设计1中的CFRP相比，顶部和底部蒙皮中的玻璃纤维层刚度削弱。二是，设计2中波导管层方向为±45°，而设计3和设计4中为±30°（波导缠绕）。荷载更多地分布在顶部和底部面板上，因此顶部和底部应变变大，需要增加厚度以防应变失效。

对于设计3和设计4，在初始结构分析中假设金属箔波导承受荷载。但为了设计最优化，假设金属箔不在蒙皮上，因此不承受荷载，以避免金属箔的偏移导致天线性能下降。这样就需要复合材料承担全部的荷载，从而导致设计荷载时的应变极限几乎与初始设计时的应变极限相同，设计3增加了重量。设计4与设计3相比重量变化较小，因为底部蒙皮结构（碳纤维）的刚度高于顶部蒙皮（玻璃纤维）。这种设计能更有效地承受荷载，增加少许厚度就可以补偿相对较薄的顶部蒙皮。

图4.14为优化后的非线性荷载—应变响应，符合应变和荷载设计标准。设计1和设计4不仅具有一致的抗荷载和应变的能力，而且质量的变化也很小。这意味着可选择以玻璃纤维为基础的结构，并将其应用到基于CFRP或与CFRP混合使用的结构上。

### 4.5.3 实验结果

选择与设计3和设计4相对应的样本进行测试比较。设计4样本中顶部蒙皮采用Fibreglast 7718型玻璃纤维编织而成，底部蒙皮采用Fibreglast 660型碳纤维编织。0.005in（0.127mm）厚的波导管由Fibreglast 2610双轴玻璃纤维包覆。设计3样本的底层蒙皮使用Fibreglast 7718型玻璃纤维布。整体尺寸和铺设方向见表4.3。模拟时，假设复合材料是完全黏合的，且编织布逐层叠加。由于制造商未提供材料具体性能参数，所用材料的通用性能指标见表4.1。

压缩载荷测试采用MTS设备，如图4.15所示。测试装置和夹具依据ASTM C364标准。应变计放置在两侧外表面的中心点，即压缩载荷方向，用于收集纵向数据。两组测试边界条件如下：采用夹持和简支撑。银色圆柱体夹住测试面

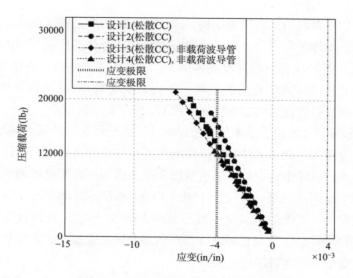

图 4.14 优化后的曲线

表 4.3 SWASS 压缩载荷测试样品表

| 编号 | 底部蒙皮（SG1） | 顶部蒙皮（SG2） | 波导管 | 长（mm） | 宽（mm） | 总高度（mm） |
|---|---|---|---|---|---|---|
| 6 | 5层[①]660CFRP | 5层玻璃 | 2层双轴玻璃纤维 | 53.8 | 79.5 | 11.0 |
| 7 | 5层660CFRP | 5层玻璃 | 2层双轴玻璃纤维 | 54.6 | 79.6 | 11.0 |
| 9 | 5层660CFRP | 5层玻璃 | 2层双轴玻璃纤维 | 54.1 | 78.4 | 11.0 |
| 8 | 5层玻璃 | 5层玻璃 | 2层双轴玻璃纤维 | 53.0 | 80.2 | 10.9 |
| 10 | 5层玻璃 | 5层玻璃 | 2层双轴玻璃纤维 | 53.3 | 79.7 | 10.8 |

① 5层层板均为 0/90，±45，90/0，±45，0/90。

板，被测试的面板不会在两端发生旋转和偏转。银色圆柱体和黑色夹具线接触，尽管存在摩擦，但它允许面板绕圆柱体中心轴旋转。模拟时，考虑了简支撑和夹持这两个极端情况，因为这两个简单条件可能会限制实际边界条件，从而影响最终的结果。

图 4.16 为设计 4 对应样本的载荷—应变曲线。图 4.16（a）中用的是玻璃纤维的顶部蒙皮，实验结果与简支撑有限元模拟相似。这证实了简支撑时，该实验符合预期。图 4.16（b）为 CFRP 底部蒙皮，实验结果是

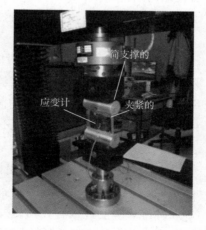

图 4.15 压缩载荷测试（ASTM C364）

非线性的，无法下定论。图 4.17 对应的是设计 3 的样本。因为在结构上都是围绕上下蒙皮对称，完全 CC 和 SS-SS 边界条件下的模拟曲线几乎相同，但因为 SS-SS 边界条件下允许旋转，因此其先发生失效。除一个结果外，仿真结果与实验结果基本吻合，这也证明了其准确性。实验的边界条件可能是导致结果非线性的原因。

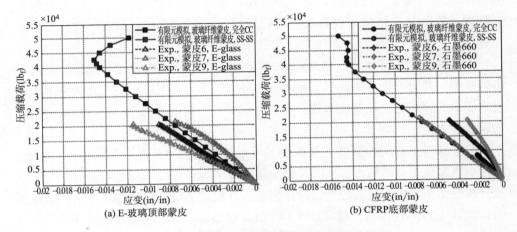

图 4.16 纤维方向应变比较：两侧 5 层 E-玻璃

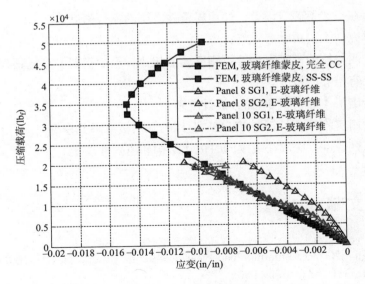

图 4.17 纤维方向应变比较：两侧 5 层 E-玻璃

## 4.6 结论与展望

作者的研究团队提出并开发了 SWASS，可做成复合波导管，用透波或非透波的层压蒙皮覆盖。在替代设计中，波导管可以用金属箔代替，以提高电磁辐射性能。这些复合结构不仅有利于减轻结构的重量，而且对加强结构强度也很关键。

本章主要介绍了 4 种新型 SWASS 设计理念，包括结构设计和优化。提出了等效模型，并与分析方法进行了比较。这种方法通过将三维结构简化为二维板模型来表示大致趋势，具有成本效益，十分重要，但弱化槽的存在也会产生相当大的误差。

为了获得更高的保真度，又提出了用于这些结构的三维板有限元模拟模型，以达到既保证足够的精度，同时又最大限度地节省计算成本的目的。用非线性应变分析评估了机械失效和轻量化设计标准，并提供了最佳设计解决方案。结果表明，设计 1（CFRP WG）和设计 4（CFRP+ 铜 WG）都能获得较好效果。设计 4 在结构和电磁辐射效率方面的表现最好（有待于进一步的电磁性能分析）。

利用实验对三维板的建模结果进行了验证。二者在某些情况下有很好的一致性，但仍存在一些不确定因素，如边界条件、层的黏合强度。

这一研究的主要贡献有 3 点：

（1）证明与槽的模糊算法等效刚度模型相比，至少需要一个槽板模型才能保证模拟结果有足够的精度。

（2）给出了 4 种新型 SWASS 设计的理念。

（3）利用实验验证了新型 SWASS 设计的开槽板有限元模型。

未来研究的重点应放在继续同时优化结构和电磁性能上。

## 参考文献

[1] Callus PJ（2007）Conformal load-bearing antenna structure for Australian Defence Force Aircraft, Australia, 50p

[2] Callus PJ（2008）Novel concepts for conformal load-bearing antenna structure. Defense Science and Technology Organization, Aeronautical and Maritime

Research Laboratory, Australia, p94
[3] Sabat JW, Palazotto AN (2013) Structural performance of composite material for a slotted waveguide antenna stiffened structure under compression. Compos Struct 97: 202-210
[4] Kim W, Canfield RA, Baron W, Tuss J, Miller J (2013) Modeling and simulation of slotted waveguide antenna stiffened structures. In: 19th international conference on composite materials, Montreal, Canada
[5] Ha T, Canfield RA (2011) Design optimization of a WR-90 slotted waveguide antenna stiffened structures. In: 52nd AIAA/ASME/ASCE/AHS/ASC structures, structural dynamics and materials conference, April 4-7. American Institute of Aeronautics and Astronautics Inc., Denver
[6] Kim W, Ha T, Canfield RA, Baron W, Tuss J (2014) Radio frequency optimization of slotted waveguide antenna stiffened structure. Submitted to Aerospace Science and Technology
[7] Smallwood BP, Canfield RA, Terzuoli AJ Jr (2003) Structurally integrated antennas on a joined-wing aircraft. In: 44th structural dynamics, and materials conference. American Inst. Aeronautics and Astronautics Inc., Norfolk
[8] Knutsson L, Brunzell S, Magnusson H (1985) Mechanical design and evaluation of a slotted CFRP waveguide antenna. In: Fifth international conference on composite materials, ICCM-V. Metallurgical Soc Inc., San Diego
[9] Timoshenko S, Woinowsky-Krieger S (1959) Theory of plates and shells. McGraw-Hill, New York
[10] Gürdal Z, Haftka RT, Hajela P (1999) Design and optimization of laminated composite materials. Wiley, New York
[11] Palazotto ANDST (1992) Nonlinear analysis of shell structures. American Institute of Aeronautics and Astronautics, Washington, DC
[12] Reddy JN (2004) Mechanics of laminated composite plates and shells: theory and analysis, 2nd edn. CRC Press, Boca Raton
[13] FEMAP, FEMAP 10.3.2011, Siemens Inc.
[14] MSC.NASTRAN, MSC Nastran Quick Reference Guide 2012, in 2012, MSC Software
[15] Fibre Glast Development Corporation. http://www.fibreglast.com/

# 第 5 章　偶氮聚酰亚胺制备激光诱导表面浮雕光栅

Ion Sava　Iuliana Stoica

## 5.1　引言

偶氮苯是最简单的芳香族偶氮化合物，也是很多衍生物的基本单元。偶氮键（—N═N—）具有吸收一定波长范围光的能力，可构成偶氮生色团。人们对开发具有光学响应性并有可能在许多光子技术中应用的材料产生了极大的兴趣。含有偶氮苯结构的聚合物（偶氮聚合物）及其衍生物就是这类材料。由于芳香族偶氮结构的存在，使偶氮聚合物通常在紫外（UV）或可见光谱范围内表现出较强的吸收能力，吸收光能而获得的能量可激发偶氮聚合物多种光响应特性的变化。通过引入不同数量的偶氮键以及不同类型的环结构和取代基，可以合成许多具有不同性能的芳香族偶氮聚合物，可用于许多应用领域。

偶氮聚合物的性能主要取决于偶氮键本身，但也受偶氮键两侧基团的控制。偶氮键可以共价键连接到苯环、萘环、芳香杂环或其他芳香环上。对于偶氮聚合物，在一定波长范围内出现强吸收主要与芳香族偶氮结构的电子跃迁有关，由于光能吸收，电子激发会导致能量、结构和动态变化。分子水平上最重要的变化之一是偶氮结构发生顺—反式光学异构化，分子的可逆"反—顺—反"异构化引起结构变化，从而导致光谱变化。在反式到顺式转换过程中，对应于 n—π* 跃迁的吸收带强度增加，而 π—π* 跃迁的吸收带强度降低。

偶氮苯的结构变化体现为以下两个方面，一是顺式异构体的偶极矩更加稳定（3.0D）；二是几何结构的变化，这种变化是由于位置 4 和 4′处碳原子之间的距离不同而引起的，反式异构体和顺式异构体中 4-C 和 4′-C 之间的距离分别是 0.9nm（9.0Å❶）和 0.55nm（5.5Å）。

顺—反光学异构化是芳香族偶氮化合物最重要的性质之一，广泛应用于研发具有多种光响应性的偶氮聚合物材料。由于其结构简单，偶氮苯及其衍生物成为研究光异构化机理极为重要的体系。虽然大多数实验的结果都能获得认可，但

---

❶　1Å=0.1nm

对实验结果的解释则存在争议，因此芳香族偶氮化合物的光异构化机理尚未完全明晰。偶氮生色团的光学异构化速率及其程度取决于聚合物体系的自由体积、温度、运动能力和极性等因素。在过去的几十年中，人们合成了具有不同组成和结构的偶氮聚合物，偶氮官能团可键接在聚合物主链中，更常见的是，将其作为侧链（侧基）直接或通过间隔基团连接到主链。目前，有两种典型的合成偶氮聚合物的方法：一是含有偶氮官能团的单体进行聚合或者共聚反应；二是对合适的预聚物进行化学改性，以实现聚合后引入偶氮官能团。

线性偏振光使偶氮生色团沿垂直于入射光的方向发生取向，生色团的取向是由于吸收光能后，偶氮苯发生"反—顺—反"异构化循环引起的。由于这种择优取向，光辐射将导致宏观二色性和双折射的产生，这被称为光致二色性和双折射。光致二色性和双折射效应在光栅和全息术中有广泛的应用，简单的掩模曝光技术可用于光栅制作，如今，双光束干涉技术更广泛地用于通过在空间调制光场中曝光制作光栅。经过辐照，在远低于聚合物玻璃化转变温度（$T_g$）下，偶氮聚合物薄膜上可以形成正弦纹理，将样品加热到 $T_g$ 以上时，可以擦除光栅，而不会导致聚合物薄膜降解或炭化。表面光栅和表面浮雕光栅（SRG）这两个术语是这种独特光响应效应的发现者首次使用的，质量传输引起的表面浮雕光栅的形成引起了广泛关注，不仅是因为这种物理效应的复杂性，更是因为作为一种制造各种光学元件、功能表面和器件的新方法，在许多方面都有潜在应用。在大多数研究中，除了使用连续波激光器作为光源外，脉冲持续时间很短的锁模激光器也经常用于雕刻制备 SRG。通常使用倍频钇铝石榴石（YAG）激光器作为光源，其脉冲持续时间为 5~7ns，工作波长为 532nm，频率为 20Hz。

用于表征表面浮雕光栅外观形貌及其形成过程的方法主要是原子力显微镜（AFM）和衍射效率测量，其中，原子力显微镜（AFM）应用最为广泛，它可以提供光栅参数和表面特性的多种信息。聚合物的结构和激光的光学参数如波长、强度、偏振、光斑大小和强度分布等显著影响表面浮雕光栅的形成过程。表面浮雕光栅是由双光束干涉雕刻而成，因此交叉角是决定光栅周期的重要参数之一。第一个阶段是偶氮苯取代基按照垂直于入射光偏振平面的方向进行光致择优取向；第二个阶段是沿光栅矢量方向的质量传输，形成表面浮雕光栅（SRG）。根据聚合物链结构的特性，只有当温度高于聚合物的 $T_g$ 时，聚合物链段才能进行尺度明显的运动迁移；作为一种罕见的现象，表面浮雕光栅的形成似乎违背了聚合物的本质以及对其结构的传统认知。早期研究的第一个解释是，表面浮雕光栅的形成是温度梯度引起的聚合物链质量扩散的结果，但经过更多的研究发现，大振幅表面浮雕光栅只能在含有大量光致异构化偶氮生色团的聚合物薄膜上形成，与聚合物

# 第5章 偶氮聚酰亚胺制备激光诱导表面浮雕光栅

薄膜厚度无关,热效应在表面浮雕光栅形成过程中的作用可以忽略不计。

当存在光致各向异性或表面浮雕光栅的情况下,所有光产生的效应都是可逆的。加热样品或使用特定方向的圆偏振或线偏振光束后,各向同性特性得以恢复。对于实际应用场合而言,偶氮聚合物还应满足其他要求,如响应迅速、在工作温度下具有长期化学稳定性和取向稳定性以及良好的成膜能力、高热稳定性和良好的加工性能等。偶氮聚合物的物理和光诱导性质与发色团和聚合物基体的结构密切相关,提高光致双折射稳定性的方法是采用聚酰亚胺等具有高玻璃化转变温度($T_g$)的聚合物。芳香族聚酰亚胺属于高性能聚合物,具有优异的热稳定性、耐化学性和机械耐久性,是微电子、光学和航空航天工业等领域的关键材料之一。已有大量研究人员致力于探究含偶氮苯基团的芳香族聚酰亚胺,即偶氮聚酰亚胺的合成和表征[42-47]。

本章主要介绍偶氮聚合物相关领域的研究,重点介绍利用脉冲激光辐照技术在偶氮聚酰亚胺和偶氮共聚酰亚胺上进行表面浮雕光栅的制备。为了获得表面浮雕光栅,使用与脉冲 Nd:YAG 激光器(Quantel 公司的 Brilliant B,波长为 355nm,脉冲持续时间为 6ns,直径为 6mm)的三次谐波相对应的辐射,在相位掩模的近场中产生干涉场(凹槽 1000 个 /mm)。入射流的能量在 8~45mJ/cm$^2$ 范围内,激光脉冲数为 1~100,采用原子力显微镜表征表面浮雕光栅的形貌。

## 5.2 偶氮聚酰亚胺和偶氮共聚酰亚胺的合成

两种类型的含偶氮苯二胺(偶氮二胺)已用于偶氮聚酰亚胺的制备。

第一类芳香族偶氮二胺是通过邻、对甲苯胺类或对氯苯胺重氮化,然后与间苯二胺偶联而合成的。这些偶氮二胺已用于合成偶氮聚酰亚胺和偶氮共聚酰亚胺。含偶氮苯基团的二胺的合成路线如图 5.1 所示。

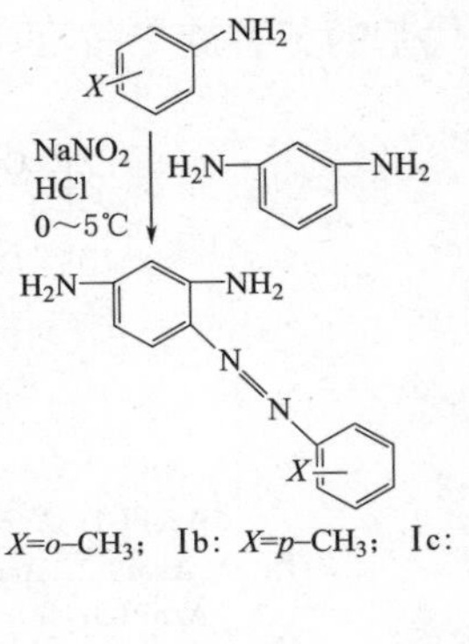

第二类偶氮二胺是通过一种多步反应合成的。首先是对甲基苯胺的重氮化,与苯酚偶联后形成 4-羟基-4'-甲基偶氮苯,再与二溴代烷反应。含有不同长度烷基链的 4-溴烷基氧基 -4'-甲基偶氮苯通过与邻羟基二胺[如 2,2-二(3-氨基 -4-羟基苯基)六

Ia: $X=o$-CH$_3$; Ib: $X=p$-CH$_3$; Ic: $X=p$-Cl

图 5.1 含偶氮苯基团的芳香族二胺的合成(Ⅰ)

氟丙烷]发生 Williamson 反应获得偶氮二胺。在 $K_2CO_3$ 和一些微量 KI 存在下，丙酮中回流反应约 60h，反应路线如图 5.2 所示。

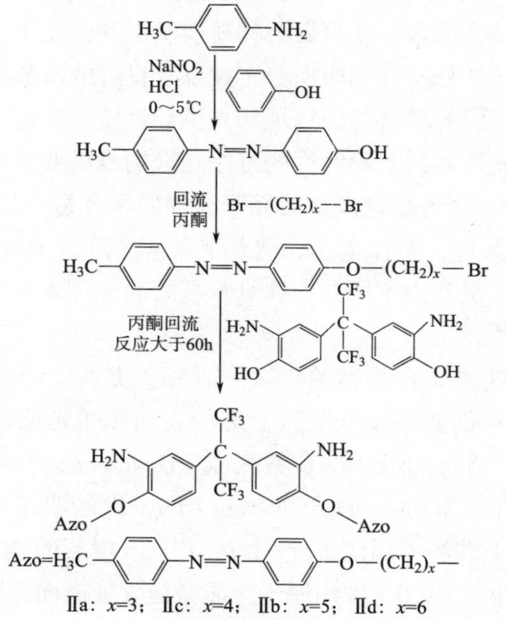

图 5.2 含两个偶氮苯基团的偶氮二胺的合成（Ⅱ）

偶氮聚酰亚胺由芳香族二酐[如二苯甲酰四羧酸二酐、4,4′-（4,4′-异亚丙基二苯氧基）二（邻苯二酐或六氟异丙基二酐）]与苯环上带有偶氮苯基团及其他取代基的芳香族二胺反应获得，偶氮聚酰亚胺的结构如图 5.3 所示。

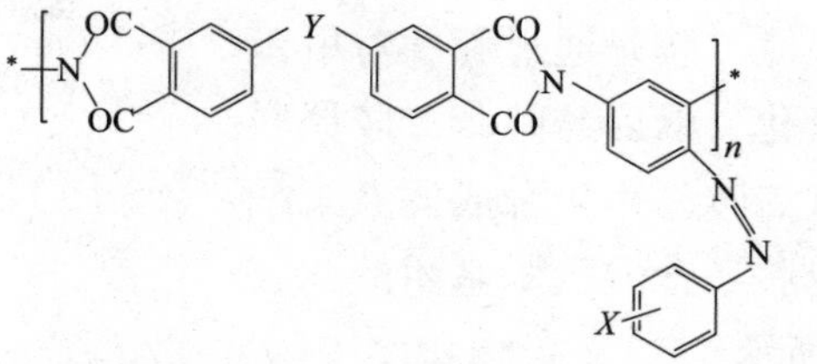

AzoPI-1: $X=o$–$CH_3$; $Y=CO$　　AzoPI-4: $X=o$–$CH_3$; $Y=C(CF_3)_2$
AzoPI-2: $X=p$-Cl; $Y=CO$　　　AzoPI-5: $X=p$-Cl; $Y=C(CF_3)_2$
AzoPI-3: $X=p$–$CH_3$; $Y=CO$　　AzoPI-6: $X=p$–$CH_3$; $Y=C(CF_3)_2$
AzoPI-7: $X=o$–$CH_3$; $Y=O$—$C_6H_4$—$C(CH_3)_2$—$C_6H_4$—O
AzoPI-8: $X=p$-Cl; $Y=O$—$C_6H_4$—$C(CH_3)_2$—$C_6H_4$—O
AzoPI-9: $X=p$–$CH_3$; $Y=O$—$C_6H_4$—$C(CH_3)_2$—$C_6H_4$—O

图 5.3 偶氮聚酰亚胺 AzoPI-1～AzoPI-9 的结构

## 第 5 章 偶氮聚酰亚胺制备激光诱导表面浮雕光栅

六氟异丙基—二苯二酐与偶氮苯二胺（如 2,4- 二氨基 -4′- 甲基偶氮苯）和 3 种含有醚键的芳香二胺，如二（对氨基苯氧基）-1,4- 苯、二（对氨基苯氧基）-1,3- 苯或二（对氨基苯氧基）-4,4′- 联苯的混合物进行共缩聚，可以得到 3 种偶氮共聚酰亚胺（图 5.4），2 种二胺之间的摩尔比为 1∶3，有关此类聚合物的合成及表征的详细信息可参见文献（本章第 19、第 50 条）。

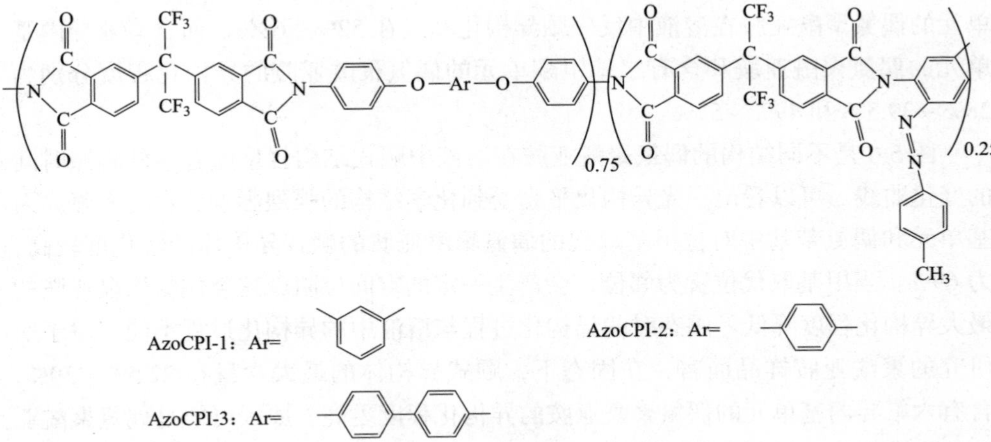

AzoCPI-1：Ar=

AzoCPI-2：Ar=

AzoCPI-3：Ar=

图 5.4　偶氮共聚酰亚胺 AzoCPI-1 ~ AzoCPI-3 的结构

以不同烷基链取代的偶氮二胺、二苯甲酰四羧酸二酐以及两种二胺的混合物为原料，进行共缩聚反应，可以制备得到共聚酰亚胺。两种二胺的混合物，一种二胺带有两个偶氮苯侧基，即 2,2- 二（3- 氨基 -4- 烷氧基苯基 -4′- 甲基偶氮苯）六氟丙烷；另一种含有甲基取代的苯基，即 4,4′- 二氨基 -3,3′- 二甲基二苯甲烷（MMDA）两种二胺的摩尔比为 1∶3。有关此类聚合物合成和表征的详细信息可参见文献（本章第 51 条）。偶氮共聚酰亚胺的结构如图 5.5 所示。

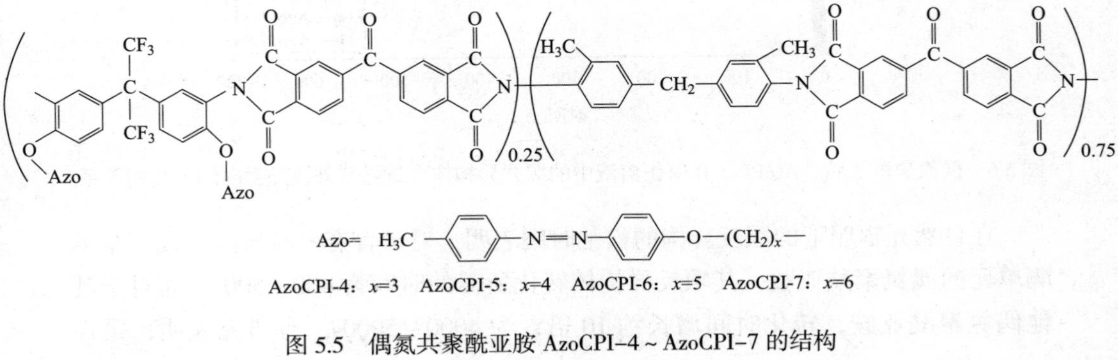

Azo= $H_3C$—〈 〉—N=N—〈 〉—O—$(CH_2)_x$—

AzoCPI-4：$x=3$　AzoCPI-5：$x=4$　AzoCPI-6：$x=5$　AzoCPI-7：$x=6$

图 5.5　偶氮共聚酰亚胺 AzoCPI-4 ~ AzoCPI-7 的结构

## 5.3 光致变色性能

关于偶氮聚酰亚胺光致变色的第一个常规发现是其固态时，从反式到顺式异构体的最大转化率低于其在溶液中的最大转化率。因此，对于含有六氟异丙基单元的偶氮聚酰亚胺在溶液中反—顺异构化程度在52%~69%，而含有亚异丙基单元的偶氮聚酰亚胺和含有二苯甲酮单元的偶氮聚酰亚胺的异构化程度分别为28%~39.5%和49%~57%。

图5.6是不同结构的偶氮聚酰亚胺在溶液中顺式结构含量随着紫外辐照时间的变化曲线。可以看出，光异构化平衡受到化学结构的强烈影响，含有六氟异丙基单元和偶氮苯基中对位甲基取代的偶氮聚酰亚胺的顺式异构体的转化度较高，为69%。当甲基取代位置为邻位，会产生一定的空间位阻，这类偶氮聚酰亚胺的最大异构化程度降低。固态时的异构化过程与溶液中的异构化过程不同，对于所研究的聚酰亚胺样品而言，在固态下，顺式异构体的最大含量在22.5%~39%，含有六氟异丙基单元的偶氮聚酰亚胺的异构化程度更高。原因可能是偶氮聚酰亚胺的自由体积值相似，但链刚性和链构象均有不同。

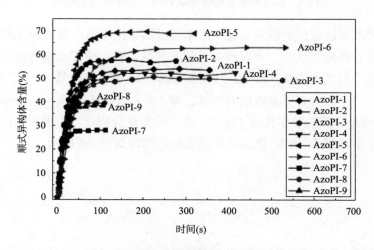

图5.6 偶氮聚酰亚胺（AzoPIs）在氯仿溶液中的顺式异构体含量随紫外线照射时间变化的关系

在自然光辐照下的顺反异构的松弛时间表明，对于含有六氟异丙基或二苯甲酮单元的偶氮聚酰亚胺，其顺反异构体转化所需的时间为400~500s，而对于其他偶氮聚酰亚胺，转化时间增长约10倍，为4000~5000s。有研究表明，柔性聚合物薄膜较高的顺反松弛速率有利于重排过程。这种构象不稳定状态是偶氮苯连续光异构化的结果，与化学结构有关，连续光异构化可能伴随着聚合物链方向上的强偶极矩波动。偶氮基团的连续异构化运动导致整个聚合物链中的构象不稳定，从而降低了固态中的相稳定性。

偶氮共聚酰亚胺的固态光致变色研究方面发现了一些有趣的结果，其顺式异构体的最大转化度在39%~57%，并且AzoCPI-1~AzoCPI-3的转化度较低，而在大分子链中引入柔性烷基单元后（AzoCPI-4~AzoCPI-7），更有助于在光照作用下发生顺式异构体的转化。值得注意的是，具有奇数个亚甲基单元的偶氮共聚酰亚胺的异构化程度比具有偶数个亚甲基单元的化合物的异构化程度更高。AzoCPI-6的转化程度可达到57%，也具有较高的最大顺式异构体含量（图5.7）。奇偶效应可能是由于偶氮基团和主链之间的一些分子间空间位阻造成的。在达到最大异构化程度所需的时间方面，亚甲基单元为奇数的聚合物，所需时间更短，仅为25~30s。

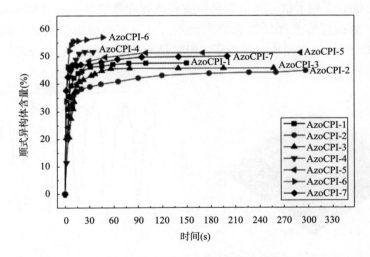

图5.7　固态时AzoCPI-1~AzoCPI-7中顺式异构体含量与辐照时间的关系

偶氮聚酰亚胺的吸收光谱在330~346nm波长范围内出现最大值，但在低于250nm的波长下也会出现最大吸收峰值的趋势。

所有偶氮聚酰亚胺和偶氮共聚酰亚胺均显示出非常好的热稳定性，其热降解起始温度高于300℃。分析发现是其中的偶氮基团的分解所致，偶氮基团是聚合物中比较脆弱的部分。另外，其玻璃化转变温度也很高，均在185~241℃。

## 5.4 表面结构研究

偶氮（共）聚酰亚胺在偏振光下的结构演变行为表明，辐照条件对聚合物的表面几何结构有显著影响。表面辐照是在受控可调的光场下进行的，可调性用干涉图样表示。聚合物大分子链中偶氮苯基团的含量对表面浮雕光栅的调制深度和均匀性有很大影响，对于偶氮苯含量相对较高（24%~32%）的偶氮聚酰亚胺，需要使用低脉冲数和高能量密度来获得高质量的SRG。例如，偶氮聚酰亚胺AzoPI-6中偶氮发色团含量约为28%，使用高能流（35mJ/cm$^2$）和低脉冲数（5个脉冲）的辐照条件，可得到约350nm调制深度的SRG。所得的SRG均匀性非常好，偏差可以控制在50~60nm的范围内，如图5.8所示，图中辐照能量密度为35mJ/cm$^2$，脉冲数为5。增加脉冲数，由于增加了补充调制效应，光栅的表面均匀性可能会受到干扰。在低能量密度和低脉冲数情况下，调制深度降低至仅15~20nm，表面浮雕光栅的形态结构较差，且通道的均匀性明显下降。增加脉冲数至100，SRG的表面均匀性提高，但其最大调制深度仅为100nm。

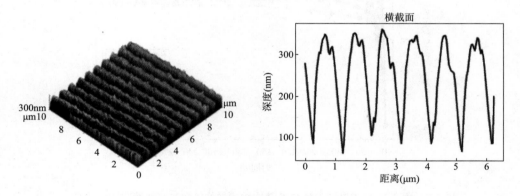

图5.8 偶氮聚酰亚胺（AzoPI-6）薄膜经辐照后的结构表面和横截面形貌的AFM图像

图5.9显示了在增加脉冲数和不同辐照能量密度条件下，偶氮聚酰亚胺（AzoPI-6）表面浮雕光栅调制深度的变化曲线。由图可知，低能量密度（8.4mJ/cm$^2$）时，增加脉冲数直到100，其最大调制深度仅为90nm。与此对照的是，高能量密度时（35mJ/cm$^2$），即使只有5个脉冲，最大调制深度可达到约350nm，继续增加脉冲数，调制深度开始降低，且其通道均匀性明显下降。

为了得到自支撑的薄膜，以芳香二胺和偶氮二胺的混合物（摩尔比为

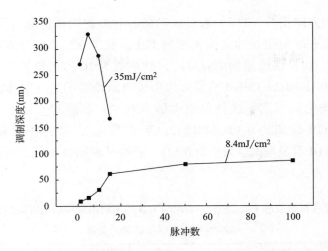

图 5.9 不同辐照能量时,偶氮聚酰亚胺(AzoPI-6)的脉冲数与调制深度的关系

3:1),六氟异丙基-二苯二酐(6FDA)为原料合成了三种偶氮共聚酰亚胺(AzoCPI-1、AzoCPI-2 和 AzoCPI-3),经辐照获得表面浮雕光栅。虽然共聚酰亚胺中的偶氮苯的含量很低(1.8%~1.99%),但都可以得到质量很好的表面浮雕光栅,由于芳香族二胺的结构以及制作条件的不同,光栅的调制深度在 30~240nm 范围内。由间位连接的柔性芳香族二胺制备的共聚酰亚胺,在低能量和低脉冲数的辐照条件下,调制深度为 50nm 时是均匀的,但在高能量密度下变得不均匀,且与脉冲数无关。而对于增加芳香族二胺的结构刚性得到的 AzoCPI-3 来说,无论辐照条件如何,都可以获得非常好的表面浮雕光栅,较高辐照能量密度和较高脉冲数时,其调制深度在 80~200nm。图 5.10 是 AFM 图像,图中例辐照能量密度为 45mJ/cm$^2$,脉冲数为 100。

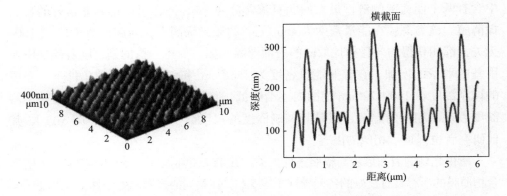

图 5.10 偶氮共聚酰亚胺(AzoCPI-2)薄膜经辐照后的结构表面和横截面形貌的 AFM 图像

采用织构方向指数（TDI）来表征光栅表面形貌的择优取向程度。从表5.1可以看出，具有取向明显的薄膜表面的TDI值低于0.35，而没有取向的膜表面的TDI值大于0.4。在能量为$10mJ/cm^2$，脉冲数为10的辐照条件下，偶氮共聚酰亚胺AzoCPI-1和AzoCPI-3薄膜可以形成清晰均匀的光致图案，但AzoCPI-2则形成了不均匀的图案。这种差别也体现在TDI数值的差异上，AzoCPI-1和AzoCPI-3的TDI分别为0.303和0.232，表明形态结构的各向异性良好，而AzoCPI-2的TDI明显增高，TDI为0.529，表明其取向性一般。其他辐照条件下的类似结果见表5.1。

表5.1 偶氮共聚酰亚胺AzoCPI-1～AzoCPI-3的调制深度和织构方向指数（TDI）与脉冲数和辐照能量影响的关系

| 样品 | 能量密度（$mJ/cm^2$） | 脉冲数 | 调制深度（nm） | 织构方向指数（TDI） |
| --- | --- | --- | --- | --- |
| AzoCPI-1 | 10 | 10 | 50 | 0.303 |
| AzoCPI-2 | 10 | 10 | 30 | 0.529 |
| AzoCPI-3 | 10 | 10 | 100 | 0.232 |
| AzoCPI-1 | 10 | 100 | 40 | 0.546 |
| AzoCPI-2 | 10 | 100 | 150 | 0.295 |
| AzoCPI-3 | 10 | 100 | 100 | 0.252 |
| AzoCPI-1 | 45 | 10 | 100 | — |
| AzoCPI-2 | 45 | 10 | 100 | 0.197 |
| AzoCPI-3 | 45 | 10 | 80 | 0.261 |
| AzoCPI-1 | 45 | 100 | 180 | 0.437 |
| AzoCPI-2 | 45 | 100 | 240 | 0.211 |
| AzoCPI-3 | 45 | 100 | 200 | 0.195 |

侧链中亚甲基数量不同的偶氮共聚酰亚胺AzoCPI-4～AzoCPI-7的结构单元中含有两个偶氮苯侧链，最大的偶氮苯含量为5%，同样可以得到非常好的自支撑薄膜。该类薄膜在能量密度为$45mJ/cm^2$的激光辐照下，与脉冲数（10或100）无关，都能获得均匀且择优取向的表面浮雕光栅。值得一提的是，随着侧链中亚甲基的数量的增加，在辐照能量密度为$45mJ/cm^2$和100个脉冲数条件下，光栅的调制深度在140～220nm范围内逐渐降低。降低脉冲数、提高能量密度，调制深度表现出相同的趋势，只是其调制深度的尺度介于88～134nm（图5.11）。其他研究者也报道了相似的内容。

所得光栅的表面形貌与辐照条件无关，其TDI值都很低，在0.10～0.34，表明聚合物薄膜的形态具有良好的各向异性（表5.2）。在相同的光照辐射条件下，若辐照能量密度较低，无论其脉冲数大小，都不会形成表面浮雕光栅。图5.12是光栅的代表性

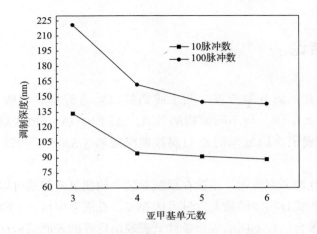

图 5.11 调制深度与侧链中亚甲基单元数的关系

AFM 图像和相应的横截面图，图中辐照能量密度为 45mJ/cm$^2$，脉冲数为 100。

表 5.2 偶氮共聚酰亚胺 AzoCPI-4～AzoCPI-7 的调制深度和 TDI 与脉冲数和能量密度的关系

| 样品 | 能量密度（mJ/cm$^2$） | 脉冲数 | 调制深度（nm） | 织构方向指数（TDI） |
|---|---|---|---|---|
| AzoCPI-4 | 45 | 10 | 134 | 0.25 |
| AzoCPI-5 | | | 94 | 0.33 |
| AzoCPI-6 | | | 91 | 0.19 |
| AzoCPI-7 | | | 88 | 0.20 |
| AzoCPI-4 | | 100 | 221 | 0.29 |
| AzoCPI-5 | | | 162 | 0.28 |
| AzoCPI-6 | | | 145 | 0.31 |
| AzoCPI-7 | | | 143 | 0.34 |

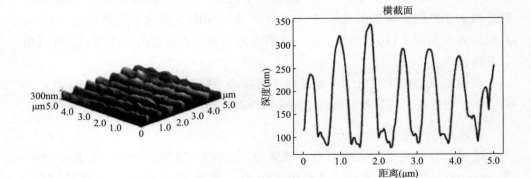

图 5.12 偶氮共聚酰亚胺薄膜 AzoCPI-4 经辐照后的横截面形貌的 AFM 图像和结构表面

## 5.5 结论

以含有偶氮苯侧基的芳香二胺（或偶氮二胺与芳香族二胺不同比例的混合物）作为胺类单体，与不同结构的芳香二酐（BTDA、6FDA 或 6HDA）进行缩聚反应，合成了含偶氮苯侧基的偶氮聚酰亚胺（AzoPI）和偶氮共聚酰亚胺（AzoCPI）。

光致变色性能研究表明，连接在聚酰亚胺中的偶氮苯侧基可以发生光致异构化，在溶液中顺式异构体的最大含量可达 69%，在固态中可达 57%。

所研究的聚合物在不同的辐照条件下表现出良好的表面结构化能力。具体表现在，对于偶氮苯含量相对较高（最高为 28%）的偶氮聚酰亚胺（AzoPI-6），其辐照条件需要高能量密度（35mJ/cm$^2$）和低脉冲数（5）。所得光栅的调制深度为 370nm，通道均匀且非常规整清晰。

研究表明，仅用偶氮共聚酰亚胺就可以制得自支撑薄膜。虽然由于采用的共聚单体的结构不同，此系列的共聚酰亚胺中偶氮苯的含量很低，但都能获得非常好的表面浮雕光栅。对于柔性较强的 AzoCPI-1，需要采用较低的辐照能量密度和脉冲数。而对于采用刚性更大的芳香族二胺制得的共聚酰亚胺则需要在高辐照能量条件，才能获得结构良好的 SRG，此时脉冲数的影响不大，其最大调制深度为 240nm。

采用含有醚键连接的具有两个偶氮苯侧基和多个柔性亚甲基单元的偶氮二胺可以提高共聚酰亚胺中偶氮苯的含量，所获得的表面浮雕光栅表面结构规则，通道均匀，与辐照条件关联不大。亚甲基数量较少时，获得较大的调制深度，且随着亚甲基单元数量的增加，调制深度有减小趋势。当辐照能量密度为 45mJ/cm$^2$，脉冲数为 100 时，共聚酰亚胺 AzoCPI-4 形成的 SRG 的最大调制深度为 220nm，其织构方向指数（TDI）小于 0.35，表明表面形貌具有良好的各项异性，择优取向度高。

表面光致结构化的机制可能是由于薄膜表面结构的重组，因为在高于 $T_g$ 的温度下，通过短时间热处理可以消除表面浮雕光栅。

致谢：

这项工作得到了研究和创新部的资助，CNCS-UEFISCDI，项目编号 PN-Ⅲ-P4-ID-PCE-2016-0708，属于 PNCDI Ⅲ。感谢 Valentin Pohoata 博士、Ionut Topala 博士（UAIC，物理学院）和 Ilarion Mihaila 博士（UAIC，CERNESIM）

提供的用于本章研究工作的激光基础设施。

# 参考文献

[1] Wang X (2017) Azo polymers synthesis, functions and applications. Springer, Berlin. https://doi.org/10.1007/978-3-662-53424-3

[2] Wang D, Wang X (2013) Amphiphilic azo polymers: molecular engineering, self-assembly and photoresponsive properties. Prog Polym Sci 38: 271-301

[3] Kumar GS, Neckers DC (1989) Photochemistry of azobenzene-containing polymers. Chem Rev 89: 1915-1925

[4] Wildes PD, Pacifici JG, Irick G, Whitten DG (1971) Solvent and substituent effects on the thermal isomerization of substituted azobenzenes. A flash spectroscopic study. J Am Chem Soc 93: 2004-2008

[5] Schanze KS, Mattox TF, Whitten DG (1983) Solvent effects upon the thermal cis-trans isomerization and charge-transfer absorption of 4-(diethylamino)-40-nitroazobenzene. J Org Chem 48: 2808-2813

[6] Cattaneo P, Persico M (1999) An ab initio study of the photochemistry of azobenzene. Phys Chem Chem Phys 1: 4739-4743

[7] Shibaev V, Bobrovsky A, Boiko N (2003) Photoactive liquid crystalline polymer systems with light-controllable structure and optical properties. Prog Polym Sci 28: 729-836

[8] Williams JLR, Daly RC (1977) Photochemical probes in polymers. Prog Polym Sci 5: 61-93

[9] Nuyken O (1985) Azo polymers. In: Kroschwitz JI (ed) Encyclopedia of polymer science and engineering, vol 2. Wiley, New York, pp 158-175

[10] Xie S, Natansohn A, Rochon P (1993) Recent developments in aromatic azo polymers research. Chem Mater 5: 403-411

[11] Natansohn A, Rochon P (2002) Photoinduced motions in azo-containing polymers. Chem Rev 102: 4139-4175

[12] Yesodha SK, Pillai CKS, Tsutsumi N (2004) Stable polymeric materials for nonlinear optics: a review based on azobenzene systems. Prog Polym Sci 29: 45-74

[13] Verbiest T, Burland DM, Jurich MC, Lee VY, Miller RD, Volksen WE (1995) Exceptionally thermally stable polyimides for second-order nonlinear optical applications. Science 268: 1604-1606

[14] Tsutsumi N, Morishima M, Sakai W (1998) Nonlinear optical (NLO) polymers. 3 NLO polyimide with dipole moments aligned transverse to the imide linkage. Macromolecules 31: 7764-7769

[15] Sava I, Resmerita AM, Lisa G, Damian V, Hurduc N (2008) Synthesis and photochromic behavior of new polyimides containing azobenzene side groups. Polymer 49: 1475-1482

[16] Kosela JE, Vapaavuori J, Hautala PA, Faul CF, Kaviola M, Ras RHA (2012) Surface-relief gratings and stable birefringence inscribed using light of broad spectral range in supramolecular polymer-bisazobenzene complexes. J Phys Chem C 116: 2363-2370

[17] Yadavalli NS, Santer S (2013) In-situ atomic force microscopy study of the mechanism of surface relief grating formation in photosensitive polymer films. J Appl Phys 113: 224-304

[18] Schab-Balcerzak E, Konieczkowska J, Siwy M, Sobolewska A, Wojtowicz M, Wiacek M (2014) Comparative studies of polyimides with covalently bonded azo-dyes with their supramolecular analoges: thermo-optical and photoinduced properties. Opt Mater 36: 892-902

[19] Sava I, Burescu A, Stoica I, Musteata V, Cristea M, Mihaila I, Pohoata V, Topala I (2015) Properties of some azo-copolyimide thin films used in formation of photoinduced surface relief gratings. RSC Adv 5: 10125-10133

[20] Sava I, Stoica I, Mihaila I, Pohoata V, Topala I, Stoian G, Lupu N (2018) Nanoscale analysis of laser-induced surface relief gratings on azocopolyimide films before and after gold coating. Polym Test 72: 407-415

[21] Ramanujam PS, Holme NCR, Hvilsted S (1996) Atomic force and optical near-field microscopic investigations of polarization holographic gratings in a liquid crystalline azobenzene side-chain polyester. Appl Phys Lett 68: 1329

[22] Rochon P, Batalla E, Natansohn A (1995) Optically induced surface gratings on azoaromatic polymer-films. Appl Phys Lett 66: 136-138

[23] Kim DY, Tripathy SK, Li L, Kumar J (1995) Laser-induced holographic surface-relief gratings on nonlinear-optical polymer films. Appl Phys Lett 66: 1166-1168

[24] Ramanujam PS, Pedersen M, Hvilsted S (1999) Instant holography. Appl Phys Lett 74: 3227-3229

[25] Leopold A, Wolff J, Baldus O, Huber MR, Bieringer T, Zilker SJ (2000) Thermally induced surface relief gratings in azobenzene polymers. J Chem Phys 113: 833-837

[26] Baldus O, Leopold A, Hagen R, Bieringer T, Zilker SJ (2001) Surface relief gratings generated by pulsed holography: a simple way to polymer nanostructures without isomerizing sidechains. J Chem Phys 114: 1344-1349

[27] Rodrıguez FJ, Sanchez C, Villacampa B, Alcala R, Cases R, Millaruelo M, Oriol L (2005) Surface relief gratings induced by a nanosecond pulse in a liquid-crystalline azopolymethacrylate. Appl Phys Lett 87: 201914

[28] Rodriguez FJ, Sanchez C, Villacampa B, Alcala R, Cases R, Millaruelo M, Oriol L (2005) Fast and stable recording of birefringence and holographic gratings in an azopolymethacrylate using a single nanosecond light pulse. J Chem Phys 123: 204706

[29] Kim DY, Li L, Jiang XL, Shivshankar V, Kumar J, Tripathy SK (1995) Polarized laser induced holographic surface relief gratings on polymer films. Macromolecules 28: 8835–8839

[30] Barrett CJ, Natansohn A, Rochon P (1996) Mechanism of optically inscribed high efficiency diffraction gratings in azo polymer films. J Phys Chem 100: 8836–8842

[31] Holme NCR, Nikolova L, Ramanuja PS, Hvilsted S (1997) An analysis of the anisotropic and topographic gratings in a side-chain liquid crystalline azobenzene polyester. Appl Phys Lett 70: 1518–1520

[32] Kim MJ, Seo EM, Vak DJ, Kim DY (2003) Photodynamic properties of azobenzene molecular films with triphenylamines. Chem Mater 15: 4021–4027

[33] Yager KG, Barrett CJ (2004) Temperature modeling of laser-irradiated azo-polymer thin films. J Chem Phys 120: 1089–1096

[34] Shirota Y (2005) Photo- and electroactive amorphous molecular materials: molecular design, syntheses, reactions, properties, and applications. J Mater Chem 15: 75–93

[35] Sava I, Sacarescu L, Stoica I, Apostol I, Damian V, Hurduc N (2009) Photochromic properties of polyimide and polysiloxane azopolymers. Polym Int 58: 163–170

[36] Ghosh MK, Mittal KL (1996) Polyimides: fundamentals and applications. Marcel Dekker, New York

[37] Hergenrother PM (2003) The use, design, synthesis, and properties of high performance/high temperature polymers: an overview. High Perform Polym 15: 3–45

[38] Liaw DJ, Wang KL, Huang YC, Lee KR, Lai JY, Ha CS (2012) Advanced polyimide materials: syntheses, physical properties and applications. Prog Polym Sci 37: 907–974

[39] Favvas EP, Katsaros FK, Papageorgiou SK, Sapalidis AA, Mitropoulos AC (2017) A review of the latest development of polyimide based membranes for $CO_2$ separations. React Funct Polym 120: 104–130

[40] Yang SY (2018) Advanced polyimide materials: synthesis, characterization and applications, 1st edn. Chemical Industry Press, Elsevier, Amsterdam, Netherlands

[41] Ghosh MK, Mittal KL (2018) Polyimides: fundamentals and applications. CRC Press, Boca Raton

[42] Sava I, Bruma M, Köpnick T, Schulz B, Sapich B, Wagner J, Stumpe J (2007) New polyimides and polyamides containing azobenzene side groups. High Perform Polym 19: 296-310

[43] Sava I, Burescu A, Bruma M (2010) Compared properties of polyimides containing pendant azobenzene groups. J Optoelectron Adv Mater 12: 309-314

[44] Konieczkowska J, Wojtowicz M, Sobolewska A, Noga J, Jarczyk-Jedryka A, KozaneckaSzmigiel A, Schab-Balcerzak E (2015) Thermal, optical and photoinduced properties of a series of homo and co-polyimides with two kinds of covalently bonded azo-dyes and their supramolecular counterparts. Opt Mater 48: 139-149

[45] Teboul V, Barille R, Tajalli P, Ahmadi-Kandjani S, Tajalli H, Zielinska S, Ortyl E (2015) Light mediated emergence of surface patterns in azopolymers at low temperatures. Soft Matter 11: 6444-6449

[46] Schab-Balcerzak E, Skorus B, Siwy M, Janeczek H, Sobolewska A, Konieczkowska J, Wiacek M (2015) Characterization of poly (amic acid) s and resulting polyimides bearing azobenzene moieties including investigations of thermal imidization kinetics and photoinduced anisotropy. Polym Int 64: 76-87

[47] Konieczkowska J, Janeczek H, Malecki JG, Schab-Balcerzak E (2018) The comprehensive approach towards study of (azo) polymers fragility parameter: effect of architecture, intra- and intermolecular interactions and backbone conformation. Eur Polym J 109: 489-498

[48] Sava I, Köpnick T (2014) Synthesis and characterization of new diamines containing side substituted azobenzene groups. Rev Roum Chim 59: 585-592

[49] Sava I, Hurduc N, Sacarescu L, Apostol I, Damian V (2013) Study of the nanostructuration capacity of some azopolymers with rigid or flexible chains. High Perform Polym 25: 13-24

[50] Sava E, Simionescu B, Hurduc N, Sava I (2016) Considerations on the surface relief grating formation mechanism in case of azo-polymers, using pulse laser irradiation method. Opt Mater 53: 174-180

[51] Sava I, Burescu A, Bruma M, Lisa G (2011) Synthesis and thermal behavior of polyimides containing pendent substituted azobenzene units. Mater Plast 48: 303-307

[52] Sava I, Lisa G, Sava E, Hurduc N (2016) Synthesis and characterization of some azocopolyimides. Rev Roum Chim 61: 419-426

[53] Sava I (2009) The effect of chemical structure of the surface structuring capacity of some polymers containing azobenzene side groups. Optoelectron Adv Mater 3: 718-724

[54] Stoica I, Epure L, Sava I, Damian V, Hurduc N (2013) An atomic force microscopy statistical analysis of laser induced azo-polyimide periodic

tridimensional *nanogrooves*. Microsc Res Techniq 76: 914–923

[55] Wang DR, Ye G, Zhu Y, Wang XG (2009) Photoinduced mass-migration behavior of two amphiphilic side-chain azo diblock copolymers with different length flexible spacers. Macromolecules 42: 2651–2657

# 第6章 液体中脉冲放电对聚合物的结构改性

Camelia Miron　Ion Sava　Liviu Sacarescu　Takahiro Ishizaki
Juergen F. Kolb　Cristian P. Lungu

## 6.1 引言

聚酰亚胺（PI）因其优异的电性能、耐热性和力学性能被称为高性能聚合物。当聚酰亚胺与其他材料（如无机纳米材料）共混时，不仅能够保持其本身的优异特性，同时又兼具新的有价值的化学和物理特性，从而具有更广泛的用途。聚酰亚胺是一种由廉价的单体通过多种合成路线制备而成，可用作不同基材（如塑料、玻璃、金属和硅）上的膜或涂层的重要材料。聚酰亚胺薄膜最重要的应用之一是用作微电子器件的绝缘体，例如超大规模集成电路及特大规模集成电路。由于其由酰亚胺和芳环组成，聚酰亚胺薄膜具有良好的表面光滑度、高电击穿强度和低介电常数等优点。

现代集成电路中，需要绝缘材料具有尽可能小的介电常数（相对介电常数 $\kappa < 3$），才能在更小的尺寸内实现更大的传输速度。然而，集成电路器件的性能受到（集成电路的线路连接元件）互连电气特性的限制。尽管可以通过降低绝缘体的介电常数来改善以电阻—电容（RC）时间常数为特征的互连信号延迟，但这样会造成相关的互连串扰、电容和功率耗散减少等。信号串扰本身通常由线间（侧壁）电容与总电容之比决定，互连中的功耗与总电容成正比，RC延迟也是如此，随着晶体管工作电压持续下降，互连串扰变得越来越严重，必须降噪以避免虚的晶体管导通。

由于串扰主要由互连侧壁电容决定，因此必须探索与工艺相关的解决方案，如使用低介电常数的材料。已经开发了许多低介电常数的有机和无机材料用于互连系统，其介电常数范围从空气的 $\kappa=1$ 到氟化氧化物的 $\kappa \approx 3.7$，并尝试用这些材料替代氧化硅（$\kappa \approx 3.9$）。然而，由于集成和可靠性问题，仅有少数（主要为带有铝金属粉）用于实际生产。低介电材料在集成和可靠性方面的问题包括：热或机械作用引起的开裂或附着损失、机械强度差、吸湿性、时间效应、化学作用（尤其是在光刻、蚀刻/清洁和介电/金属沉积过程中可能发生的化学作用）、低电击穿强度和导热性差。相对介电常数小于2.5时通常通过引入孔隙来实现，但引入孔隙降低了材料的机械强度（对于占主导地位的开放孔隙系统），也可能增加其吸湿性或化学吸附。材料、工艺和集成架构的协同优化对于成功制造低介电材料来说非常重要。在金属导线之间插入低介电物质可显著降低 RC 延迟，使其性能获得大幅提升。

为了满足对低介电常数材料日益增长的需求，研究人员合成了特殊的聚酰亚胺。这些聚酰亚胺可大致分为全芳香族聚酰亚胺、半芳香族聚酰亚胺和全脂肪族聚酰亚胺。芳香族聚酰亚胺通常已实现商业化，如杜邦的 Kapton® 和通用电气的 Ultem®。芳香族 PI 具有非常好的机械和热性能，主要是因为聚合物链之间具有强大的分子间作用力。具有电荷转移络合物（CTC）的聚酰亚胺由两种不同类型的单体组成，电子受体（二酐）和电子给体（二胺），电子给体将电子从氮原子转移给电子受体的羰基，将它们紧紧地结合在一起。因此，聚合物链运动受限，无法在整个材料中移动，这就是芳香族聚酰亚胺性能优异的原因。但一个重要的挑战是由于芳香族 PI 通常在普通有机溶剂中不溶解或溶解度差，导致加工困难。它们通常很坚硬且易碎，所以有时需要使聚合物变得更软，更容易加工，用于制备低介电常数材料。半芳香族聚酰亚胺可由芳香族单体合成，即芳香族二胺和二酐，但有一部分是脂肪族的，这可能使极化率最小化，并降低介电常数（$\kappa < 3$）。脂肪族聚酰亚胺有脂肪族二酐和二胺，由于溶解度高、透明度高、介电常数低（$\kappa \approx 2.5$），所以加工性能优于芳香族聚酰亚胺。然而，脂肪族 PI 有较高的柔韧性，使其黏结强度较低，热性能和尺寸性能也不如芳香族聚酰亚胺。因此，由脂肪族单体得到的聚酰亚胺只适用于对耐热性要求不高的应用场合，这在微电子工业中应用较为困难。

聚酰亚胺的颜色通常是介于黄色到棕色，这也限制了它们在光通信和光子器件中的应用。聚酰亚胺的显色主要归因于分子间电荷转移（CT）络合物，这是由于固态聚酰亚胺链之间的分子聚集所致。聚酰亚胺的荧光还与分子间堆积和 CT 特性有关，其中芳香二胺的芳香基团充当电子供体，而酰亚胺部分充当电子受体。有报道认为在模型中观察到的 CT 荧光主要来自激发态的分子内电子跃迁。

然而，常规聚酰亚胺在有机溶剂中不溶，难以区分分子内和分子间相互作用的影响。全芳族聚酰亚胺在可见光区域内表现出荧光，但由于聚酰亚胺的强电子跃迁 CT 特性，观察到的荧光量子产率相对较低，很少有人研究芳香族聚酰亚胺在电致发光器件中的应用。

通过在二胺组分上引入甲基可使自由体积增加，从而减少分子堆积，以抑制芳香族单体聚酰亚胺中的 CTC 相互作用，并降低介电常数。与无氟聚酰亚胺相比，在聚合物的主链或侧链中引入含氟基团可使其具有高疏水性、低极化率和抗氧化性。随着疏水性和体积分数的增加，每单位体积的可极化基团的数量减少，从而导致材料介电常数降低。然而，通常含氟聚酰亚胺黏结强度和机械强度低，玻璃化转变温度也低。在材料中引入可控的孔隙，通常孔径为100Å或更小，已被视为开发超低介电材料的一种有前途的方法。新型聚酰亚胺杂化薄膜，由纳米级多金属氧化物（POM）簇与聚合物链或聚酰亚胺/黏土纳米复合材料以共价键连接，具有超低介电常数2.5。但研究人员也发现将纳米孔引入聚酰亚胺基材会导致这些材料的机械和热性能变差。以聚酰亚胺为聚合物基体，分别以纳米石墨烯片和碳纳米管为填料得到的一系列聚酰亚胺/碳纳米复合材料的介电性能可以得到改善，其中具有高表面积的石墨烯或氧化石墨烯对聚合物介电性能的提高最为明显，然而，仅使用化学方法制备的生产成本和制备时间可能是一个问题。

为了解决上述问题，等离子体放电被用来对不同类型的聚酰亚胺进行改性。低压反应器和常压放电通常用于改变其表面润湿性、粗糙度和交联密度，但这些方法通常会使其获得更高的表面亲水性。因为小分子（如水）的吸收会改变介电性能，当聚酰亚胺基材料用作介电层时，渗透性也起着重要作用。吸收的水会导致其介电常数显著增加，即使浓度很小，但因为它的介电常数非常大（25℃时为78.5），也可能导致电子封装中不同无机界面的附着力显著下降。

在等离子体中形成的活性物种与聚合物相互作用可以将官能团连接到聚合物表面，经过$NH_3$等离子体处理后，含有多壁碳纳米管（MWNT）或酸改性MWNT（M–CNT）的聚酰亚胺的表面特性实际上变得更加亲水。$O_2$等离子体处理氟化聚酰亚胺会导致C—C/C—H键的显著降低，而$N_2$等离子体处理的氟化聚酰亚胺会导致聚酰亚胺表面的脱氟和表面吸水率的增加。PE—CVD工艺能够沉积形态和特性可调的碳氟化合物涂层。用$N_2/He/SF_6/O_2$等离子体处理的聚酰亚胺表面的润湿性显著提高，而$N_2/He/SF_6$等离子体处理后由于在聚酰亚胺膜的表面形成C—$F_x$键，其接触角增大。聚酰亚胺的表面自由能取决于实验中使用的等离子体参数。

然而，这些用于聚酰亚胺薄膜表面功能化的技术由于传递到薄膜表面的能量过高而存在一些缺点，当聚合物暴露于等离子体时，紫外线辐射或粒子轰击传递的能量可能导致聚合物的随机断链、分子量降低或交联。因此，有必要开发新技术，聚合物表面含有选择性的单官能团，这些官能团不会改变材料表面形貌，但能改善材料的介电性能，这对于下一步的微电子应用非常必要。

为了避免在负压下加工，近年来利用常压下液体中等离子体放电使聚合物功能化已成为最受关注的技术之一。通过水下等离子体处理（毛细管放电），聚丙烯薄膜的表面被赋予了单一类型的含氧官能团。研究发现，聚酰亚胺薄膜暴露在蒸馏水中脉冲放电后，其光学性能和电学性质都发生了改变。经过在水中产生的脉冲放电处理后，聚酰亚胺薄膜的疏水性增加，相对介电常数降低，此外，液体中的等离子体（L-plasma）处理技术还有其他功能，液体等离子体辅助的功能化比溶液化学和一步法更快。由于使用阴离子或阳离子的液体等离子体可以产生多种官能团，因此有望利用该技术为材料表面定制不同的功能基团。这个过程和相应的化学反应取决于提供电子能量的方式，而它们的机理不同。特别是短时高压脉冲（10ns）放电技术更有可能将能量主要传递给电子，从而将能量分布和转移到更高能级，这有利于需要高能电子碰撞、辐射态激发的过程，以及在放电中形成离子、自由基、亚稳态激发原子和紫外光子等化学活性物质，这些活性物质可能与分子和材料本身相互作用，从而诱导其表面改性和功能化。

当使用纳秒电压脉冲时，聚合物链的拓扑结构重排主要发生在材料结构内部，而当采用微秒脉冲放电处理聚合物薄膜时，将以较强烈的表面改性为主。需要对液相等离子体有更深入的了解，才能调控该方式引起的材料表面和材料本身间的相互作用。

## 6.2 液体中的等离子体

在液体中常压产生的脉冲放电逐渐成为等离子体科学和技术领域中重要的研究方向。20世纪90年代，辉光放电电解和用于高压开关的介电液体击穿机制的研究就曾对与液体接触的等离子体进行过研究。21世纪以来，等离子体与液体相互作用的研究已经扩大到包括材料加工在内的多种应用领域。在当今可用于材料加工的各种方法中，利用液体中产生等离子体处理材料属于新技术，且具有应用范围广的优点。在液体中通过如电晕放电、辉光放电、电弧或介质屏障放电、外加电压（直流、交流）、无线电频率、微波或脉冲放电可以形成不同的等离子体。放电始于液体表面、气—液界面、液—液界面或液—固界面，其基本过程很大程度上取决于放电过程中的反应装置、操作条件和使用的材料。2005年以后关于液体中等离子体的研究大多集中在纳米材料合成（碳和金属纳米颗粒、纳米复合材料）和应用上。

有一些研究也在关注聚合物溶液、薄层和膜的结构改性。Shi 等利用共面介质阻挡放电来改善聚合物溶液的电纺性，也可控制电纺纳米纤维的结构。Pavlinak 等使用水溶液电极进行表面介电层放电，实现了聚四氟乙烯管的永久性表面亲水化，通过 XPS 测定，表面上超过 80% 的氟元素被替换。聚丙烯薄膜表面通过水下等离子体处理（毛细管放电）实现了单一含氧官能团的功能化。含氧官能团的含量是氧辉光放电气体等离子体的2倍以上（约56O/100C）。

Senthilnathan 等研究了用于合成氮聚合物的辉光放电聚合，电子与乙腈在界面上的碰撞形成了单体自由基，并诱导了进一步的重排，得到了低分子量含氮聚合物，这些富含自由基的聚合物经过进一步聚合，则形成稳定的高分子量的含氮聚合物。含有不饱和键或高能官能团（如C—C、C=N 和 C≡N）的有机化合物可形成稳定的自由基单体并引发聚合反应。

等离子体法得到的聚合物的化学性能与传统方法制备的聚合物有很大不同，因为它们不包含规则或重复单元，而是含有大量自由基形式的官能团。聚酰亚胺薄膜在蒸馏水中经过脉冲放电处理后，其电学和光学性能均被改变。研究发现，经在水中产生的等离子体处理后，由于发生了 $CF_3$ 的表面偏析或表面不饱和键的浓度增加，聚酰亚胺薄膜的疏水性增加，相对介电常数下降。在暴露于水的等离子体的过程中，可观察到一些固有荧光特征（如发射峰的强度和位置）发生了明显变化。这些结果与液体和大分子间特定化学作用包括氢桥的形成有关。

与传统的溶液化学相比，液体中的等离子体（L-plasma）产生加速电子，这有助于产生活性化学物质，如离子、自由基、亚稳态激发原子和紫外光子。放电可以在不同的溶剂和溶质的组合中进行，从而使材料表面带有不同的功能基团。液体等离子体处理聚酰亚胺的优势在于方法简单，不需要昂贵的真空泵，并且能够在常压下进行。

当水受到高电场影响时，在电极之间形成被称为流光的高导电性通道，并在电极间隙中自发形成等离子体。这些通道中的电子会有效地激发和电离水分子，产生大量激发态产物，如氢、氧、氮和羟基自由基，有利于在材料表面引入羟基、羰基和羧基，也可能产生类似过氧化物的功能基团。流光的传播速度取决于施加电压脉冲的时间，研究发现纳秒级高电压脉冲可直接在黏稠液体中形成等离子体，而不需要先通过焦耳加热形成气泡提供气态环境来支持等离子体的产生。

当对直径为100μm的电极施加10ns的高电压（32kV）脉冲时，测得的流光传播速度高达2000km/s，而施加10μs电压脉冲时获得的流光传播速度仅为25km/s，储存在这些电离通道中的能量被辐射、冲击波和周围水的热传导消耗。研究结果表明，在时间更短的高电压脉冲下，液体中可能得到更强的放电冲击波，之前观察到的等离子体处理过程中水的导电性增加进一步证明了化学活性物质的产生。在蒸馏水中经过纳秒脉冲放电处理的聚酰亚胺表面发现聚合物链发生了拓扑重排，在液体等离子体中处理后，分子间的有序程度增加。聚合物链间距离的增减，取决于等离子体参数和放电使用的材料，这就有可能产生具有较低介电常数的材料。因此，在不同极性的液体中进行等离子体放电时，材料的孔隙率可以与表面功能化同时得到有效控制。这些研究结果均表明，需要进一步研究液体中产生的等离子体与有机表面和材料的相互作用，以便更好地应用。

本章主要介绍在液体中用等离子体处理的聚酰亚胺薄膜的一些最新研究结果。研究将氟化聚酰亚胺和含钴氟化聚酰亚胺置于不同电压、不同脉冲持续时间（10ns 和 50μs）和不同重复频率（10Hz、200Hz 和 7kHz）的脉冲放电环境中时，其功能变化，特别是其介电和光学特性与等离子体特性以及液体/等离子体界面与聚合物表面相关的化学过程。

## 6.3　等离子体处理的聚酰亚胺的结构改性

本节主要介绍等离子体参数对聚酰亚胺薄膜结构性能的影响。

液体中的等离子体可通过不同的反应装置和脉冲功率技术产生。电极材料及其排列、放电中使用的液体以及高压脉冲持续时间决定了等离子体的类型，如火花、电弧或电晕放电。由于电子温度、流光传播及其速度取决于这些参数，因此预计在不同的放电条件下处理得到的聚合物的结构也会不同。为了验证这个假设，将芳香族聚酰亚胺膜置于蒸馏水中，采用不同的电极排列和不同的高压脉冲持续时间产生的等离子体对膜进行处理。

芳香族聚酰亚胺与其他高性能聚合物的区别在于聚酰胺酸前驱体的溶解性，它可以浇铸成均匀的薄膜并定量转化为聚酰亚胺结构。然而，全芳香族聚酰亚胺的加工难度很大，因为其既不溶也不熔，并且在分解前也不显示出玻璃化转变。增加聚合物溶解度和可加工性可以通过引入庞大的侧向取代基、柔性键、非对称、脂环族或非线性基团。在全芳香族聚合物的主链中引入柔性链节能使其变得可溶，因此，合成含有柔性异亚丙基（6H）和六氟异亚丙基（6F）基团的聚酰亚胺，可将具有高热稳定性的聚合物转变成易加工的聚合物。

芳香族聚酰亚胺是通过某些芳香族二酐（六氟异亚丙基二苯二甲酸二酐 –6FDA）与芳香族二胺（4,4′ - 二氨基 -3,3′ - 二甲基二苯甲烷 -MMDA）经溶液缩聚而成，其方法已有报道。聚酰亚胺薄膜是通过将聚酰亚胺的 DMAc（二甲基乙酰胺）溶液浇铸到玻璃板上，再在真空烘箱中进行热处理除去溶剂得到的。热处理过程如下：在 60℃处理 4h，然后升温至 100℃、150℃、200℃和 225℃（每个温度下加热 40 ~ 60min）（图 6.1）。

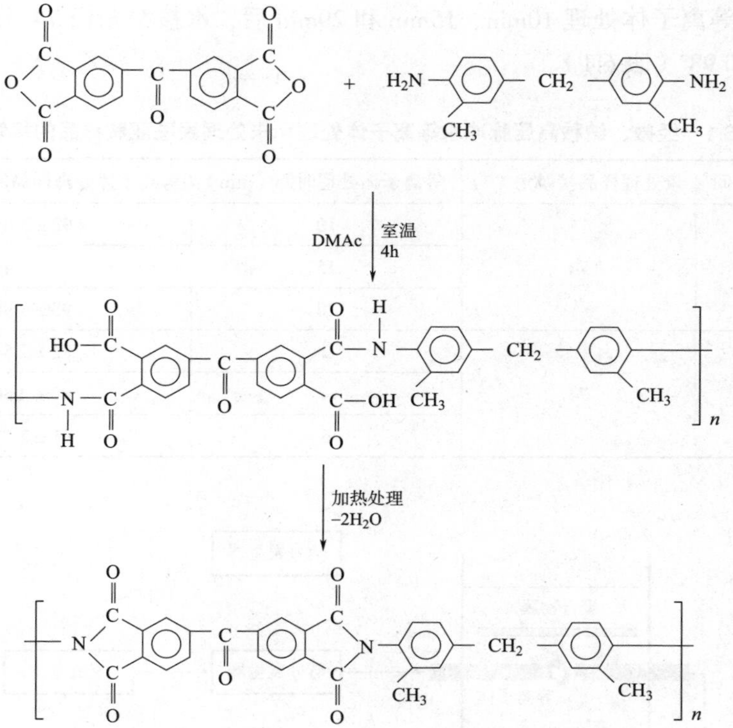

图 6.1 聚酰亚胺 6FDA-MMDA 的制备

聚合物表面上有含氟和含苯基团时会导致表面张力降低，这是由于上述基团的物理作用使分子结合得很紧密。由纳秒或微秒级高压脉冲在水中产生的等离子体能形成高能活性物质，与聚酰亚胺膜可有效地相互作用，从而引起聚酰亚胺膜表面疏水性的变化。因此，通过测量等离子体处理前后液体弯月面和聚合物表面之间的静态水接触角，研究了聚酰亚胺膜润湿性的变化。

图 6.2 为用于处理 6FDA-MMDA 聚酰亚胺薄膜的典型实验装置。在一个立方体石英容器中，浸在蒸馏水（5μs/cm）中的电极之间产生脉冲放电。钨电极以棒对棒的方式排列，通过微秒（50μs）级高压脉冲在水中火花放电处理聚合物，而钨和不锈钢电极可以以棒对板的方式排列，用于纳秒（10ns）级高压脉冲产生水中电晕放电处理聚合物膜。在这两种情况中，均将厚度为 40μm、面积为 15mm×15mm 的聚合物薄膜安装在聚四氟乙烯或金属支架上，并浸入蒸馏水中，与电极间的距离为 10mm，使用 50μs 电压脉冲。随着处理时间的增加，6FDA-MMDA 聚酰亚胺膜的水接触角逐渐增加，未处理样品接触角为 74°，经 2min、4min 和 6min 等离子体处理的样品分别为 82°、87°和 91°（表 6.1）。而经连续

10ns 脉冲等离子体处理 10min、15min 和 20min 后,水接触角由 74°分别增加到 92°、95°和 98°(表 6.1)。

表 6.1　经微、纳秒高压脉冲水等离子体处理和未处理聚酰亚胺样品的接触角

| 脉冲放电时间 | 未处理样品接触角(°) | 等离子体处理时间(min) | 等离子体处理样品的接触角(°) |
| --- | --- | --- | --- |
| 10ns | 74 | 10 | 92 ± 3.05 |
|  |  | 15 | 95 ± 3.46 |
|  |  | 20 | 98 ± 3.98 |
| 50μs | 74 | 2 | 82 ± 2.51 |
|  |  | 4 | 87 ± 2.50 |
|  |  | 6 | 91 ± 2.57 |

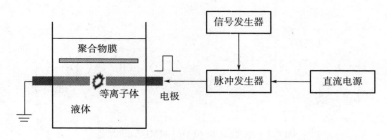

图 6.2　用于聚合物薄膜处理的蒸馏水中产生脉冲放电的实验装置示意图

然而,结果表明,不同电压脉冲持续时间产生的水中等离子体,导致表面疏水性增加的机理是不同的。更加值得注意的是,当使用 50μs 电压脉冲产生的等离子处理时,发现表面形貌的改变和聚合物表面不饱和化合物的增加是水接触角增大的原因。

随着处理时间的增加,芳香族 C—C 键的比例逐渐增加,而脂肪族 C—C 键的数量减少,导致聚酰亚胺的表面疏水性增强。膜表面化学状态最明显的变化是氟含量的改变(表 6.2),在未处理的聚酰亚胺薄膜表面未检测到氟元素,但氟浓度随着放电时间的增加而逐渐增加,由 2min 时的 6.0% 增加到 6min 时的 8.1%。

表 6.2　水等离子处理前后聚酰亚胺样品中 C、O、N、F 元素的相对原子浓度和均方根表面粗糙度

| 处理时间(min) | 均方根表面粗糙度(nm) | C(%) | O(%) | N(%) | F(%) |
| --- | --- | --- | --- | --- | --- |
| — | 2 | 73.7 | 21.3 | 5.0 | — |
| 2 | 14 | 69.8 | 17.7 | 3.9 | 6.0 |

续表

| 处理时间（min） | 均方根表面粗糙度（nm） | C（%） | O（%） | N（%） | F（%） |
|---|---|---|---|---|---|
| 4 | 18 | 64.8 | 17.8 | 3.5 | 6.6 |
| 6 | 32 | 64.0 | 18.2 | 4.3 | 8.1 |

这可能是水等离子体引起的聚酰亚胺膜表面的额外氟化所致。因此，水等离子体处理可使聚酰亚胺膜表面富含氟原子且更粗糙。

对于等离子体处理的聚酰亚胺样品，C—C 键的百分比逐渐降低到 70.8%（表 6.3）。这表明聚酰亚胺在等离子体处理过程中发生了少量 C—C 键的断裂；C=O 的相对分数略有下降（约 1%），而 C—O 则有所增加（从约 12.6% 增至约 15.6%）。由于 C=O 的解离能（11.09eV）高于 C—C 键的解离能（6.2eV），这可能是放电过程中 C=O 相对分数仅略微降低的原因。293.4eV 处的 $CF_3$ 峰仅在等离子体处理样品中出现，并且含量随着放电时间的增加而增加（表 6.3）。这可能是由 $CF_3$ 基团在聚合物表面迁移引起偏析过程产生的。

经 2min 等离子体处理的聚酰亚胺膜中 $CF_3$ 基团浓度为 3.0%，4min 处理后的样品该基团浓度增加到 4.1%，处理 6min 后 $CF_3$ 浓度为 4.5%。通过角分辨 XPS 研究了 $CF_3$ 基团的偏析，以更好地了解样品的表面成分与表面能量的关系。通过改变取样深度，基于非弹性平均自由路径（imfp）测试了偏析深度：

$$d=3\lambda\cos\theta \tag{6.1}$$

式中：$\lambda$ 为 imfp；$\theta$ 为发射到分析仪的光电子与表面法线之间的角度。误差在 10%~15% 范围内。

等离子体处理 2min、4min 和 6min 样品的偏析深度分别为 4.2nm、6nm 和 8.5nm。偏析过程由聚合物薄膜成分的表面能差异决定，表面能较低的成分将倾向于移动到聚酰亚胺表面/空气界面。

表 6.3 水等离子体处理前后 C1s 谱中 C—C、C=O、C—O 和 $CF_3$ 的相对含量

| 处理时间（min） | C—C（%） | C=O（%） | C—O（%） | $CF_3$（%） |
|---|---|---|---|---|
| — | 76.3 | 9.0 | 12.6 | — |
| 2 | 71.7 | 8.3 | 17.0 | 3.0 |
| 4 | 72.3 | 9.0 | 12.8 | 4.1 |
| 6 | 70.8 | 9.1 | 15.6 | 4.5 |

未经等离子体处理样品的氮原子能谱（N1s）显示出两个组分：400.2eV 处的

N—C═O 峰（75.3%）和 398.5eV 处的 N—C—C 峰（24.7%）（表 6.4）。随着等离子体处理时间的增加，N—C═O 基团的浓度增加到 100%，而在经等离子体处理后样品的任何光谱中均未识别到 N—C—C 基团。有些研究者将观察到的 398.5eV 处的氮原子能谱的偏移解释为聚合物不完全酰亚胺化的结果。

表 6.4 水等离子处理前后 N1s 谱中 N—C—C 和 N—C═O 的相对含量

| 处理时间（min） | N—C—C（%） | N—C═O（%） |
| --- | --- | --- |
| — | 24.7 | 75.3 |
| 2 | — | 100 |
| 4 | — | 100 |
| 6 | — | 100 |

因此，可以认为未经等离子体处理膜的酰亚胺化不完全，该过程在水等离子体作用下得到增强。酰亚胺化程度随着固化温度的升高而增加（更多的酰胺基团脱水环化为酰亚胺环），并在 240~250℃时达到最大值。利用数字温度计 Thermo Tech TT 0986，在距离等离子体装置中心 20mm 处测量水温，即实验时放置聚合物薄膜的位置（图 6.3）。在放电开始后的 10min 内跟踪检测水温，发现在此时间内水温升高不超过 70℃。推测聚酰亚胺薄膜表面的酰亚胺化可能是高能激发物质从等离子体中逸出并到达薄膜表面的结果。这些物质在薄膜表面的温度可能比在周围水中测量的温度高出很多，从而导致上述表面改性。在等离子体放电期间发生的酰亚胺化决定了得到的聚酰亚胺具有与未处理样品相同的化学结构。因此，在水等离子体处理后，薄膜表面可能会发生聚酰亚胺的断裂和酰亚胺化这两种现象。

XPS 分析表明，聚酰亚胺经纳秒级电压脉冲等离子体处理后，表面化学性质没有明显变化，如图 6.3（a）所示。芳香环 C—C 键的百分比逐渐增加到 46%（未处理样品为 41%），而处理后样品的脂肪族 C—C 键含量从 19% 下降到 15%，如图 6.3（b）所示。这表明在等离子体处理过程中发生了脂肪 C—C 键的断裂。芳香族二胺的甲基取代基可能在与等离子体中产生的活性物质相互作用后被氧化，从而导致脂肪族 C—C 键的减少和氧含量的增加，如图 6.3（b）所示。当两个大 π 分子层层堆叠时，反而会发生静电排斥。可以认为，在 XPS 能谱中观察到的聚合物表面存在更多的芳香族 C—C 键，导致聚酰亚胺薄膜表面疏水性的增加。但在等离子体处理后，酰亚胺键和 C—N 键的浓度几乎保持不变，表明主要变化发生在芳香族二胺上，如图 6.3（b）所示。这可能意味着由氮原子或酰亚胺环的重排导致聚酰亚胺薄膜表面形貌的改变。

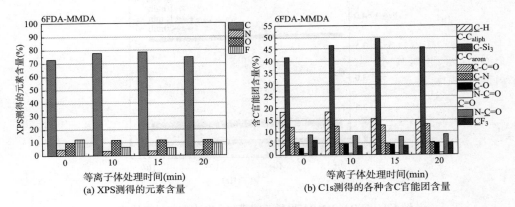

(a) XPS测得的元素含量

(b) C1s测得的各种含C官能团含量

图6.3 等离子体处理前后6FDI–MMDA聚酰亚胺薄膜的测试数据对比

在经过微秒电压脉冲等离子体处理后，聚酰亚胺薄膜的表面化学性质也略有改变，这取决于薄膜在水等离子体中的暴露时间。

通过上述实验结果可以得出结论，在液体中纳秒和微秒级电压脉冲放电激发的等离子体通过不同的反应机理增加了聚酰亚胺薄膜的疏水性。在 10ns 和 50μs 放电形成的流光速度和活性物种类型不同，可能导致化学活性物质以不同方式传播并与分子和材料本身相互作用，从而诱导表面改性和功能化。

## 6.4 水等离子体处理后聚酰亚胺薄膜的电气和机械性能

### 6.4.1 水中纳秒脉冲放电处理聚酰亚胺薄膜

为了满足日益增长的合成低介电常数聚酰亚胺的需求，利用在水中经纳秒和微秒级脉冲放电产生等离子体对聚酰亚胺薄膜进行处理。在水中对6FDA–MMDA聚酰亚胺薄膜进行纳秒级电压脉冲等离子体处理时，也采用上一节描述的实验装置。研究了水中等离子体处理前后聚酰亚胺薄膜的介电常数与频率和放电时间的关系，样品介电常数与频率的关系如图6.4所示，频率范围从10kHz到10MHz，未处理的样品在1MHz时的相对介电常数约为3.65。介电常数与频率关系是介电材料在微电子应用方面的一个关键标准，由于极化机理的频率依赖性，PI的介电常数会随着频率的增加而降低。

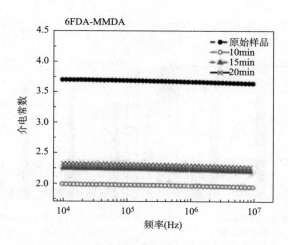

图 6.4　6FDA–MMDA 聚酰亚胺膜的介电常数与频率的关系

介电常数的大小取决于可偏振单元定向跟上电场振荡的能力。每单位体积仅存在几个可偏振单元通常会导致聚酰亚胺薄膜具有低介电常数。聚酰亚胺样品在水等离子体中处理不同时间后的相对介电常数的变化如图 6.4 所示。在等离子体处理 10min 后，聚酰亚胺膜在 1MHz 频率时介电常数非常低（$\kappa$=1.92）。处理 15min 和 20min 后，在该频率下的介电常数则逐渐增加到 2.2~2.27（图 6.4）。已有研究表明，经等离子体处理后，$CF_3$ 基团的浓度也会降低，如图 6.3（b）所示。

经 10min 水中等离子体处理后，样品中的 $CF_3$ 浓度最低。293.4eV 处的 $CF_3$ 峰对应的浓度在经 15min 处理时间后从 6% 下降到 4%；在 20min 处理后增加到 5%。这就解释了为何经 20min 等离子体处理后样品的相对介电常数最高。XRD 测试结果表明，经等离子处理 10min 和 15min 后，样品中无定形峰的峰强度略有增加，这表明在放电过程中分子间有序度有所降低；在经 20min 的处理后，峰值强度进一步降低。随着等离子体处理时间的增加晶面间距 $d$ 不断减小，处理 20min 后的样品，该值达到最小，为 0.335nm（3.350Å）。

这些结果表明，尽管在 15min 的短时间内，在等离子体处理过程中，分子间相互作用和 π—π 相互作用有所增加，但分子链之间的距离也在增加，导致自由体积增大，这与介电常数的测量结果一致（图 6.4），表明经较短时间等离子体处理后样品介电常数降低。然而，在较长的处理时间（20min）下，发现聚合物链间距离会减小；此外，两个宽峰的峰值强度降低，表明分子结构发生了显著变化。一种可能的解释是其受到两个主要因素的影响，一是由于在水等离子体处理过程中聚合物链间距离增加，自由体积也增加，可极化原子的总数减少，导致相对介电常数下降，在处理时间较短的情况下，该因素的影响可能占主导地位；二是水等离子体处理可以改变聚合物链间交联的程度和方式。随着处理时间的延长，这个过程很可能开始发生，并在该情形下占主导地位，最终导致更小的链间距和更强的π—π相互作用，这种过程的发生与在较长处理时间下样品相对介电常数逐渐增加的现象相吻合。在某些情况下，π—π相互作用可以通过打破芳香物产生的局部π轨道而得到加强。等离子体处理过程中，分子间结构的可能变化也能反映在前面提到的接触角测量中，该测量结果表明在水等离子体处理过程中，样品表面疏水性明显增加。当处理时间较短时，样品的自由体积增大的原因可能是较高的疏水性会减少吸水量，从而降低样品的极化率并导致等离子体处理后样品的介电常数降低。

### 6.4.2 水和异丙醇中用微秒脉冲放电处理聚酰亚胺薄膜

#### 6.4.2.1 对电性能的影响

用 $50\mu s$ 脉冲放电处理聚酰亚胺薄膜的实验装置如图 6.2 所示。钨电极以棒对棒的方式排列，浸泡在蒸馏水（20mL）或 99.97% 的异丙醇（20mL）中。通过使用延迟发生器（斯坦福研究系统，型号 DG645），将脉冲发生器（DEI，PVX-4150）脉冲时间设置为 $50\mu s$，频率为 200Hz。介电松弛光谱能提供有关复介电常数的存储和耗散分量的信息，即聚酰亚胺薄膜在宽频率和温度范围内的介电常数（$\varepsilon'$）和介电损耗（$\varepsilon''$）。从它们的变化中，也可以看出与偶极运动相关的热转变。与热转变相对应的偶极松弛过程表现为介电常数波和介电损耗峰值的陡然增加，随着频率的增加，它们将在更高的温度区出现。

其他聚酰亚胺和大多数聚合物一样，介电常数 $\varepsilon'$ 随着频率的增加而降低。介电常数取决于极化单元响应交变电场的能力，因为偶极矩的取向时间需要比施加频率所用的时间更长，所以介电常数随着频率的增加而降低。值得注意的是，与在异丙醇中的等离子体处理的聚酰亚胺样品相比，水中等离子体处理后的样品的介电常数下降得更多。

图 6.5 显示在低温（–100℃）和高温（100~150℃）下，相对介电常数随着频率的增加略有下降，而在室温（25℃）下几乎保持不变。在大的温度范围内（–150~25℃），相对介电常数也随着频率的增加而降低，原因是热能不足以激活偶极基团（图 6.6）。相对介电常数在 25~75℃范围内略有下降，随后在较高温度下会增加。在 200℃以上，大量的可极化单元可以跟随外场发生极化，因此，相对介电常数随温度急剧增加（图 6.6）。

在 25℃下，于 1Hz~100kHz 频率范围内测量时，这些聚酰亚胺薄膜标准样品的介电常数在 2.45~2.51，而经水和异丙醇等离子体处理的聚酰亚胺

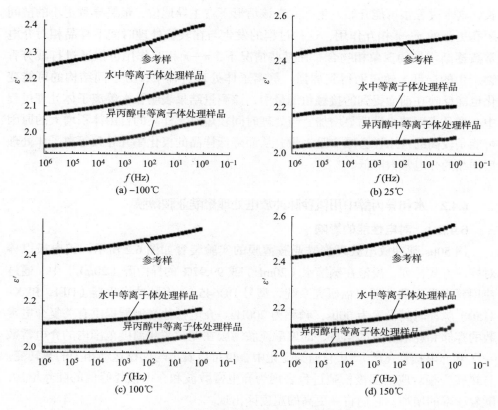

图 6.5 不同温度下经水或异丙醇中等离子体处理前后聚合物的介电常数（$\varepsilon'$）与频率（$f$）的关系

薄膜在水中的介电常数值在 2.076~2.18（表 6.5）。与在异丙醇中等离子体处理过的 PI 薄膜相比，在水中等离子体处理的 PI 薄膜的介电常数值较低，二者分别在 2.076~2.043 和 2.21~2.18，且随着频率的增加略有下降。表 6.5 为聚酰亚胺样品在 25℃时，不同频率（1Hz、10kHz 和 100kHz）下的介电常数（$\varepsilon'$）和介电损耗（$\varepsilon''$）值。所有经等离子处理的聚酰亚胺薄膜的介电损耗均有所降低，这些较低的介电损耗值表明介电材料中能量转换为热量的程度最低。在 -150~200℃的范围内，介电损耗值低于 0.1，表明此类材料可在很宽的温度范围内用作电介质，尤其是在高温下。经处理后，材料能同时实现低介电常数与低介电因子，表明液体中的等离子体方法可以有效改善聚合物薄膜的电性能。

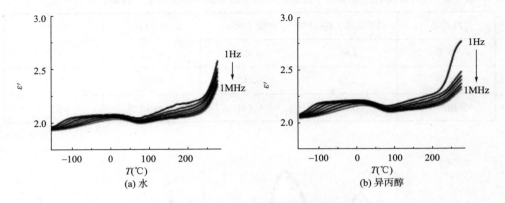

图 6.6 经不同液体中等离子体处理后聚酰亚胺的介电常数与温度的关系

表 6.5　25℃时，不同频率下聚酰亚胺样品的介电参数

| PI 样品 | $\varepsilon'$ | | | $\varepsilon''$ | | |
|---|---|---|---|---|---|---|
|  | 1Hz | 1kHz | 100kHz | 1Hz | 1kHz | 100kHz |
| 参考 | 2.51 | 2.47 | 2.455 | 0.0122 | 0.00627 | 0.0108 |
| 水 | 2.076 | 2.051 | 2.043 | 0.00312 | 0.00282 | 0.0058 |
| 异丙醇 | 2.21 | 2.19 | 2.18 | 0.0076 | 0.0030 | 0.0074 |

注　参考指未经处理的聚酰亚胺膜；水指经水中等离子体处理后的聚酰亚胺膜；异丙醇指经异丙醇中等离子体处理后的聚酰亚胺膜。

#### 6.4.2.2　对力学性能的影响

通过纳米压痕测量硬度和杨氏模量来评估经在水或异丙醇中处理的等离子体对聚酰亚胺薄膜机械性能的影响（表 6.6）。处理后样品的硬度和杨氏模量均比原始样品高，表明等离子体处理后材料表面更柔软，内部强度更高。这可能是聚酰亚胺薄膜在冲击波和等离子体中形成的流光影响下发生分子重排的结果。如图 6.7 所示，Cole—Cole 图中可见弧形半径发生巨大变化，表明等离子处理过的聚酰亚胺薄膜中大分子链的活动能力更高。在高温下，Cole—Cole 为线性。这种现象是因为温度升高，运动单元更容易移动，而导致介电常数的提高。此外，经水等离子体处理的聚酰亚胺薄膜的杨氏模量和硬度比在异丙醇中等离子体处理的聚酰亚胺薄膜稍高。

表 6.6 在水和异丙醇中等离子处理后聚酰亚胺样品的杨氏模量、硬度和应力—应变值

| PI 样品 | 杨氏模量（GPa） | 硬度（GPa） | 应力（MPa） | 应变（%） |
|---|---|---|---|---|
| 参考 | 4.69 | 0.353 | 40.92 | 3.63 |
| 水中 | 5.10 | 0.442 | 41.75 | 3.74 |
| 异丙醇中 | 5.07 | 0.440 | 46.17 | 5.21 |

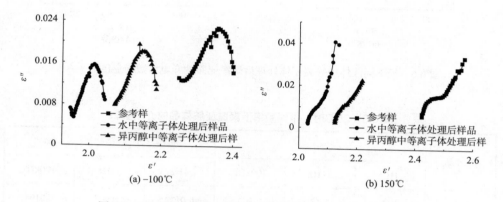

图 6.7 不同条件下处理所得聚酰亚胺膜的 Cole—Cole 曲线

研究表明，经水等离子体处理的 6FDA-MMDA 聚酰亚胺聚合物链发生了拓扑重排。等离子处理后聚合物也发生了酰亚胺化，该过程通常与固化温度的升高有关。水的解离能为 118.82kcal/mol，而异丙醇的解离能为 105.7kcal/mol。因此，与异丙醇相比，在水中产生等离子体需要更多的能量，并且对聚合物结构及其机械性能的影响可能更大。随着固化温度的升高，聚酰亚胺膜的杨氏模量和显微硬度更高，与其他研究报道的一致。

链重排也可能是等离子放电过程中异丙醇和碳电极剥落形成富碳产物的结果，如氧化石墨烯（图 6.8）。在异丙醇中形成的等离子体的 UV—Vis 吸收光谱显示，在 220nm 和 226nm 附近有等离子体峰，这归因于芳香环 C—C 的 $\pi$—$\pi^*$ 转变。在还原后，观察到等离子体峰红移至 273nm（图 6.8）。这归因于石墨烯层间剥离和嵌入的 C—O 键的 n—$\pi^*$ 转变。在浸入水中的碳电极之间产生等离子体时，仅观察到 214nm 处的一个峰，在这种情况下，石墨产物可能仅在碳电极的等离子体剥离过程中形成。

对聚酰亚胺薄膜进行拉伸试验，结果如图 6.9 和表 6.6 所示。拉伸强度和断裂伸长率分别在 40.9~46.1MPa 和 3.63%~5.21% 范围内。可以观察到，参考样

品和水等离子体处理的样品具有几乎相似的伸长率（约3.63%）和强度值（约40.9MPa）。

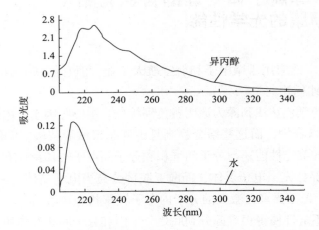

图6.8 水或异丙醇等离子体处理聚酰亚胺薄膜后收集液的紫外—可见光吸收谱

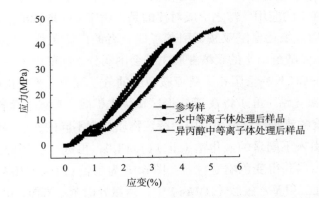

图6.9 聚酰亚胺样品的应力—应变曲线

但是在异丙醇中处理的聚酰亚胺在伸长率（5.21%）和强度（46.1MPa）方面都有所提高。这可能与异丙醇中的等离子体会放电形成氧化石墨烯（GO）有关，在该条件下，会发生从GO到聚酰亚胺的有效负载转移（图6.9）。目前尚不清楚为什么添加这些纳米颗粒会导致伸长率的增加，同时还提高了破坏强度，相关的研究还在进行中。

## 6.5 水等离子体处理的含氯化钴（Ⅱ）基团的氟化聚酰亚胺薄膜的光学性能

尽管 PI 已广泛应用于微电子和航空航天工业，但它们在光通信和光子器件中的应用仍受到限制。

聚酰亚胺的颜色从浅到深为透明黄色到棕色，主要归因于其内部的分子间电荷转移（CT）络合物，而这些络合物则是由固态聚酰亚胺链之间的分子聚集所致。聚酰亚胺的荧光性能还与分子间堆积和分子间电子转移特性有关，其中来自芳香族二胺的部分充当电子供体，而酰亚胺部分充当电子受体。一些研究认为，观察到的 CT 荧光主要来自激发的分子内电子转移状态。然而，常规聚酰亚胺在有机溶剂中的不溶性使得很难区分到底是分子内和分子间相互作用的影响。众所周知，芳香族聚酰亚胺均可在可见光区域内表现出荧光，但由于其强烈的电子转移特性，观察到的荧光量子产率相对较低，很少有人专门研究芳香族聚酰亚胺在电致发光器件中的应用。与之形成对比的是，由于 $CF_3$ 取代的二胺可降低电荷转移的相互作用，氟化聚酰亚胺则引起了研究者的广泛关注。将六氟丙二酸酐（6FDA）引入二元酸酐衍生的聚酰亚胺主链会削弱分子间的电荷转移作用，因为庞大的取代基—$C(CF_3)_2$ 会阻止聚酰亚胺薄膜的分子堆积。需要指出的是，当用钴改性 PI 时，氯化钴（Ⅱ）将在无定形区域优先扩散，形成电荷转移复合物。

改性氟化聚酰亚胺材料对环境中的特定物质具有不同的变色响应。通过在聚酰胺酸溶液中引入不同量的氯化钴（Ⅱ）（$CoCl_2$），再进一步热处理成相应的酰亚胺结构，就可以获得变色响应材料。图 6.10 为制备 6FDAMMDA-$CoCl_2$PI 薄膜的合成方法。在二甲基乙酰胺（DMAc）中，六氟异丙苯二酸酐（6FDA）和 4,4'-二氨基-3,3'-二甲基二苯甲烷（MMDA）在低温下经溶液缩聚可制备聚（酰胺酸）。将 DMA 中的聚（酰胺酸）溶液（其中掺入 15%$CoCl_2·6H_2O$）浇铸到玻璃板上并于 60℃ 下干燥 4h，蒸发掉溶剂后即可获得聚酰亚胺前驱体薄膜。随后将此前驱体薄膜于 100℃、150℃、200℃ 和 250℃ 下连续加热（在每个温度下加热 1h），最终得到聚酰亚胺薄膜。在热处理过程中，聚（酰胺酸）的颜色从蓝色变为绿松石色，最终得到含 $Co^{2+}$ 的聚酰亚胺（PI$Co^{2+}$）绿色固体薄膜（图 6.10）。实验中使用的 PI 薄膜厚度为 100μm。

采用图 6.11 所示的实验装置对 Co 改性的聚酰亚胺薄膜进行等离子体处理。设备参数为 CVD 电容分压器 1∶190，Pearson 电流监视器，型号：6585（500A，

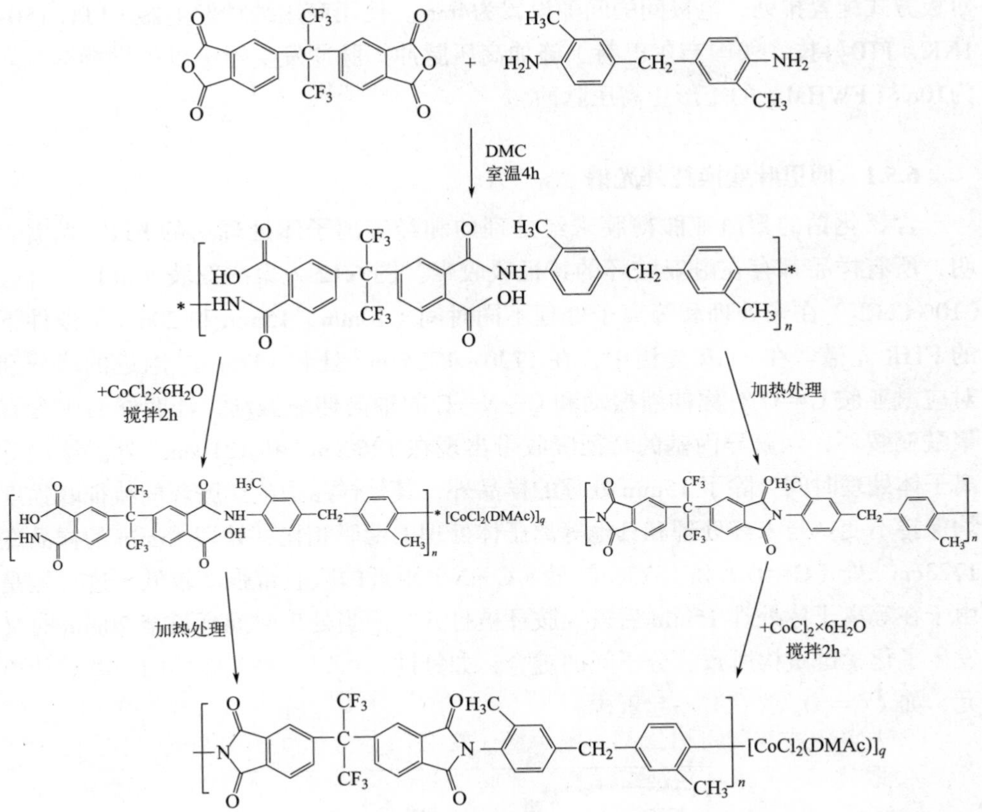

图 6.10 $Co^{2+}$ 填充到氟化聚酰亚胺的合成路径

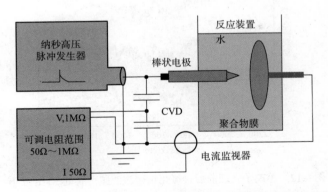

图 6.11 蒸馏水中脉冲放电的发生、检测以及对聚合物薄膜等离子体处理的实验装置示意图

250MHz）。在浸入10mL蒸馏水（电导率为5μS/cm）中的两个电极间产生纳秒级脉冲放电。一个直径为1mm 的钨棒电极和一块15mm×15mm的不锈钢板电极以针

对板方式配置排列，电极间的间隙设置为4mm。使用商用纳秒发生器（FPG 150-1NK，FID科技，德国布尔巴赫）施加高压脉冲，脉冲发生器可以提供持续时间为10ns（FWHM）的矩形正高压脉冲。

### 6.5.1 傅里叶变换红外光谱

含氯化钴的聚酰亚胺薄膜未经处理的和经等离子体处理后的FTIR光谱表明，所有样品都存在酰亚胺环的特征吸收带。图6.12为聚酰亚胺/$CoCl_2$混合膜（10%$CoCl_2$）在未处理和等离子处理不同时间（10min、15min和20min）条件下的FTIR光谱。在FTIR光谱中，在1720~1725$cm^{-1}$处和1375$cm^{-1}$附近的峰分别对应酰亚胺C=O对称伸缩振动和C—N—C的轴向伸缩振动，证明样品中含有聚酰亚胺环，六氟异丙基的特征吸收带出现在1260$cm^{-1}$和1210$cm^{-1}$处。增加等离子体处理时间，除了15min处理的样品外，其他样品中酰亚胺环的特征峰强度均保持不变。与未经处理和其他等离子体处理的薄膜相比，处理15min的样品在1723$cm^{-1}$处（C=O）和1375$cm^{-1}$处（C—N）附近的吸收带强度较低。这可能是由于在等离子体处理15min后酰亚胺环被打开，而当处理时间延长至20min时又发生了化学键重构所致。分子间的键合，如氢键，可以与酰亚胺环的一些其他单元，如（C=O，N—）一起重构。

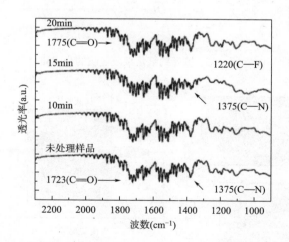

图6.12　等离子处理前后含氯化钴聚酰亚胺薄膜的FTIR光谱

可以推测高能激发态物质通过气泡和流光到达聚合物表面，产生上述结构改变。

在1100~1400$cm^{-1}$范围内，可观察到吸收带的强度减弱及变宽。变宽可能是由于分子间相互作用增强引起的，例如 C—F 键或苯环上的氢键。温度的升高也可能导致谱带加宽和相对强度的降低。等离子体处理过程中增加的热能可能会逐渐克服分子间和分子内的作用力，激发振动偶极子所需的能量就会减少。通过 XPS 的结果也观察到，在处理 10min 后，由 293.4eV 处的 $CF_3$ 峰面积计算得到的氟含量从 1.7% 逐渐增加到 4%。原因可能是 $CF_3$ 基团在聚合物表面迁移引起的偏析所致。

然而，根据 FTIR 和 XPS 结果，可以推断在纳秒等离子体处理作用下形成的活性物质可以引发酰亚胺环中碳—氮、碳—碳和主链中的碳—氮键的随机均裂。这些裂解产生链状自由基（2,2-六氟异丙基二苯二甲酰亚胺、N-邻苯二甲酰亚胺、3-甲基-4氨基亚苯基、4-亚甲基-2-甲基苯胺），这些自由基会重新结合并形成一些特征结构（表 6.7），如异氰酸苯酯、2-苯基-2-邻苯二甲酰亚胺-六氟丙烷、2,2-二苯基六氟丙烷、2,3-二氢-1,4-酞嗪二酮、苯和甲苯。

### 6.5.2 紫外—可见吸收光谱

在透射光谱中观察到的 538nm 处吸收峰（图 6.13）是由于从酰亚胺羰基（C=O）激发到 6FDA 的苯环的 π—π* 跃迁所致。在 550~700nm 处为氯化钴（Ⅱ）诱导所致的电荷转移带。

表 6.7 经水中等离子体处理后，聚酰亚胺因碳—氮、酰亚胺环中的碳—碳键和主链中的碳—氮键的随机断裂可能形成的化学结构

| 化学名称 | 化学结构 |
| --- | --- |
| 异氰酸苯酯 | |
| 2-苯基-2-邻苯二甲酰亚胺-六氟丙烷 | |
| 2,3-二氢-1,4-酞嗪二酮 | |
| 2,2-二苯基六氟丙烷 | |

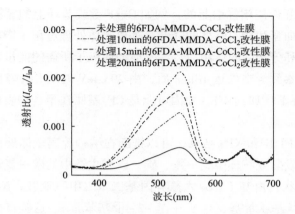

图 6.13　6FDA–MMDA CoCl₂ PI 薄膜等离子体处理前后的透射光谱

结晶氯化钴（Ⅱ）的电荷转移带为 670nm。随着湿度的增加，其峰值强度降低。这与水分子与钴离子弱配位有关。所有经等离子体处理后的聚酰亚胺样品的吸光度均出现降低，说明随着放电时间的增加，荧光物种类增加（图 6.13）。与未处理的聚酰亚胺膜相比，所有经等离子体处理样品的光谱蓝移了 2nm。这可能是由于在水等离子体形成的紫外线辐射下发生了烧蚀过程所致。将聚酰亚胺薄膜暴露在空气中的中压汞灯下光解，可观察到相同的效果。出现上述行为可能与在聚合物中以电荷转移（CT）络合物形式存在的链间相互作用程度有关。这些 CT 络合物的强度取决于酸酐部分的电子亲和力和二胺部分的极化能力。6F 基团的吸电子能力有助于增加二酐的电子亲和力，形成更牢固的 CT 络合物。6FDA 在两个苯基之间含有一个庞大的取代基—C(CF$_3$)$_2$，由于氟原子的强电负性，降低了苯基的电子云密度。另外这些基团的大位阻可能会阻止链的取向以及分子链相互接近，以形成牢固的 CT 络合物。XPS 测量显示，聚合物表面的 N—C=O、C=O 和 CF$_3$ 基团增加，表明等离子体处理后分子堆积效率较低。

### 6.5.3　荧光光谱

图 6.14（a）为未经处理和水等离子体处理 10min、15min 和 20min 后聚酰亚胺薄膜的荧光光谱。当薄膜在 450nm 处被激发时，未处理样品在 558nm 处的发射峰出现红移，表明发射峰具有明显的激发波长依赖性。与传统芳香族聚酰亚胺相比，这种红移是透明聚酰亚胺薄膜中遇到的一种特殊现象。Hasegawa 等人将该发射峰归结为基态分子间电荷转移（CT）络合物的激发，并认为这是退火过程中分子堆积程度增加的结果。他们还指出，由于在非晶态固体中每个复合物的基

态和激发态之间的能量差不是单分散的,所以可能会发生基态络合物的激发,并且发射峰的红移程度依赖于激发波长。这种红移也可能是由于分子内氢键的形成改变了主链π共轭的电子状态所致。分子内电荷转移相互作用的增强并不明显,光谱变化主要源于范德华作用的增强,正如那些掺入二氧化钛和二氧化硅的其他聚酰亚胺混合物研究中所提到的,红移也可能是由于氯化钴的存在所导致的。

与未处理的聚酰亚胺膜相比,等离子体处理样品的荧光峰向更短的波长移动。10min 处理后样品的发射峰在 557nm 处,15min 和 20min 等离子体处理样品的发射峰则在 555nm 处,如图 6.14(a)所示。此外,还发现了有 1~3nm 的蓝移,随放电时间的延长,发射强度逐渐增加,如图 6.14(b)所示。6FDA 基聚酰亚胺暴露在纯氮气中与其暴露在含有乙醇、异丙醇和水蒸气混合物的氮气氛围相比,其荧光峰的强度明显下降。

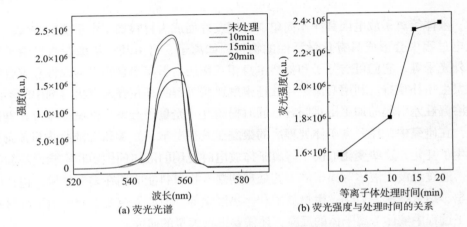

图 6.14  等离子体处理前后 6FDAMMDA–$CoCl_2$ 聚酰亚胺薄膜的荧光光谱及强度

这些影响归因于荧光体和醇溶剂之间、聚酰亚胺链的二酐部分的羰基氧(CT 络合电子受体)和样品分子之间形成氢键。研究人员认为样品分子渗透到大分子网络引起分子链堆积松散,是导致发射效率降低的原因。在研究中,水也可能很容易被吸附到聚合物链之间的空间中,但这不能解释水等离子体处理后荧光强度随放电时间增加而增加的现象。

而且对该聚酰亚胺膜的其他研究中,XRD 测试结果也呈现出其分子间距离的减小以及 π—π 相互作用的增强。等离子体会产生冲击波,而冲击波会引起压力的变化,进而影响分子间和分子内电荷转移。可以认为,水等离子体处理的 PI 样品的荧光响应增加是由分子内而非分子间电荷转移引起的,上述提到的蓝移现象可以由最低激发态的电荷转移来解释。最近对聚合物共混物的研究表明,激发态链与相邻未激发链的库仑相互作用可导致排斥，在该状态下的激发蓝移，发现共混聚合物中分子内氢键的破坏是造成样品荧光蓝移的原因，可以假设聚酰亚胺膜的分子内键合作用在水等离子体作用下已经不稳定或破坏，导致聚合物构象自由度发生变化。发射光谱的轻微蓝移可能是等离子体中形成的紫外线辐射的结果，它有效地诱导了分子内相互作用的改变。激发的物质可能会导致主链中键的随机均裂，从而产生新的结构，如2,3-二氢-1,4-酞嗪二酮。这种化合物及产生的新氢键也可以解释聚酰亚胺薄膜在纳秒级等离子体处理后产生蓝色荧光现象。这些结果为进一步研究和设计具有高科技应用前景的新材料提供了重要指导。

## 6.6 结论

液体等离子放电因其操作简单、环境友好而成为材料加工中重要的方式。在放电过程中会形成具有化学活性的物种，如离子、自由基、亚稳态激发原子和紫外光子等，它们可与分子和材料本身相互作用，引起聚合物表面改性及聚合物链发生拓扑重排。利用等离子体处理聚酰亚胺可解决其在普通有机溶剂中的不溶或溶解性差引起的加工困难问题，同时提高其荧光量子产率、机械强度或介电性能。在研究中，经等离子体处理后的聚酰亚胺在电学、光学和机械性能等方面都发生了变化，这些变化取决于等离子体放电时使用的液体的性质和实验设备的类型。通过浸没式液体等离子体工艺处理的聚合物材料能应用在多个领域，包括电子学、纳米技术、力学、生物技术和生物医学等。但如果想要更全面地了解材料加工过程中液体等离子体的反应，还需要进行大量的研究。

## 参考文献

[1] Deligöz H, Yalcinyuva T, Özgümüs S, Yildirim S（2006）Electrical properties of conventional polyimide films: effects of chemical structure and water uptake. J Appl Polym Sci 100: 810

[2] Jeong JY, Babayan SE, Schutze A, Tu VJ, Park J, Henins I, Selwyn GS, Hicks RF（1999）Etching polyimide with a nonequilibrium atmospheric-pressure plasma jet. J Vac Sci Technol A 17: 5

[3] Isfahani HN, Faghihi K, Hajibeygi M, Bokaei M（2010）New optically active poly（amideimide）s from N, N'-（bicyclo[2, 2, 2]oct-7-ene-2, 3, 5,

6-tetracarboxylic）bis-L-phenyl alanine and aromatic diamines：synthesis and characterization. Polym Bull 64：633

［4］Gonzalo B，Vilas JL，Breczewski T，Perz-jubindo MA，Delafuente MR，Rodriguez M（2009）Synthesis，characterization，and thermal properties of piezoelectric polyimides. J Polym Sci Part A Polym Chem 47：722

［5］Zhang QX，Naito K，Tanaka Z，Kagawa Z（2008）Grafting polyimides from nanodiamonds. Macromolecules 41：536

［6］Maya EM，Benavente J，de Abajo J（2012）Effect of the carboxylic acid groups on water sorption，thermal stability and dielectric properties of polyimide films. Mater Chem Phys 131：581

［7］Sava I，Chisca S（2012）Surface properties of aromatic polymer film during thermal treatment. Mater Chem Phys 134：116

［8］Kim Y，Goh WH，Chang T，Ha CS，Ree M（2004）Optical and dielectric anisotropy in polyimide nanocomposite films prepared from soluble poly（amic diethyl ester）precursors. Adv Eng Mater 6：39

［9］Ukishima S，Lijima M，Sato M，Takashi Y，Fukada E（1997）A novel cross-linked polyimide film：synthesis and dielectric properties. Thin Solid Films 308：309

［10］Lee C，Shu Y，Han H（2002）Dielectric properties of oxydianiline-based polyimide thin films according to the water uptake. J Polym Sci B Polym Phys 40：2190

［11］Liang T，Makita Y，Kimura S（2001）Effect of film thickness on the electrical properties of polyimide thin films. Polymer 42：4867

［12］Martin SJ，Godschalx JP，Mills ME，Shaffer EO，Townsend PH（2000）Development of a lowdielectric-constant polymer for the fabrication of integrated circuit interconnect. Adv Mater 12：1769

［13］Havemann RH，Hutchby JA（2001）High-performance interconnects：an integration overview. Proc IEEE 89：586

［14］Chern YT（1998）Low dielectric constant polyimides derived from novel 1，6-bis [4-（4-aminophenoxy）phenyl] diamantane. Macromolecules 31：5837

［15］Chern YT，Shiue H-C（1997）Low dielectric constants of soluble polyimides based on adamantane. Macromolecules 30：4646

［16］Meijer HEH，Govaert LE（2005）Mechanical performance of polymer systems：the relation between structure and properties. Prog Polym Sci 30：915

［17］Mathews AS，Kim I，Ha CS（2007）Synthesis，characterization，and properties of fully aliphatic polyimides and their derivatives for microelectronics and optoelectronics applications. Macromol Res 15：114

［18］Huang JW，Wen YL，Kang CC，Yeh MY（2007）Preparation of polyimide-silica nanocomposites from nanoscale colloidal silica. Polym J 39：654

［19］Matsumoto T（2001）Aliphatic polyimides derived from polyalicyclic monomers.

High Perform Polym 13: S85

[20] Seino H, Sasaki T, Mochizuki A, Ueda M (1999) Synthesis of fully aromatic polyimides. High Perform Polym 11: 255

[21] Matsuura T, Ishizawa M, Yasuda Y, Nishi S (1992) Polyimides derived from 2, 2, -bis (trifluoromethyl) -4, 4/-diaminobiphenyl. 2. Synthesis and characterization of polyimides prepared from fluorinated benzenetetracarboxylic dianhydrides. Macromolecules 25: 3540

[22] Rancourt JD, Taylor LT (1987) Preparation and properties of surface-conductive polyimide films via in situ codeposition of metal salts. Macromolecules 20: 790

[23] Ukishima S, Iijima M, Sato M, Takahashi Y, Fukada E (1997) Heat resistant polyimide films with low dielectric constant by vapor deposition polymerization. Thin Solid Films 475: 308–309

[24] Matsuura T, Ando S, Sasaki S, Yamamoto F (1994) Polyimides derived from 2, 2/-bis (trifluoromethyl) -4, 4/-diaminobiphenyl. 4. Optical properties of fluorinated polyimides for optoelectronic components. Macromolecules 27: 6665

[25] Halper SR, Villahermosa RM (2009) Cobalt-containing polyimides for moisture sensing and absorption. ACS Appl Mater Interfaces 1: 1041

[26] Wachsman ED, Frank CW (1988) Effect of cure history on the morphology of polyimide: fluorescence spectroscopy as a method for determining the degree of cure. Polymer 29: 1191

[27] Takizawa K, Wakita J, Sekiguchi K, Ando S (2012) Macromolecules 45: 4764

[28] Matsuda S, Urano Y, Park JW, Ha CS, Ando S (2004) Variations in aggregation structures and fluorescence properties of a semialiphatic fluorinated polyimide induced by very high pressure. J Photopolym Sci Technol 17: 241

[29] Hasegawa M (2001) Semi-aromatic polyimides with low dielectric constant and low CTE. High Perform Polym 13 (2): S93

[30] Sava I, Chisca S, Bruma M, Lisa G (2010) Study of some aromatic polyimides containing methylene units. Mater Plast 47: 481

[31] Nica S-L, Hulubei C, Stoica I, Ioanid GE, Ioan S (2013) Surface properties and blood compatibility of some aliphatic/aromatic polyimide blends. Polym Eng Sci 53: 263

[32] Myung BY, Kim JS, Kim JJ, Yoon TH (2003) Synthesis and characterization of novel polyimides with 2, 2-bis[4 (4-aminophenoxy) phenyl]phthalein-3′, 5′ -bis (trifluoromethyl) anilide. J Polym Sci Part A Polym Chem 41: 3361

[33] Houghham G, Tesoro G, Viehbeck A (1996) Influence of free volume change on the relative permittivity and refractive index in fluoropolyimides. Macromolecules 29: 3453

[34] Chen H, Xie L, Lu H, Yang Y (2007) Ultra-low-κ polyimide hybrid films via copolymerization of polyimide and polyoxometalates, communication in J. Mater Chem 17: 1258

[35] Huang JC, Lim PC, Shen L, Pallathadka PK, Zeng KY, He CB (2005) Cubic silsesquioxane-polyimide nanocomposites with improved thermomechanical and dielectric properties. Acta Mater 53: 2395

[36] Zhang YH, Lu SG, Li YQ, Dang ZM, Xin JH, Fu SY, Li GT, Guo RR, Li LF (2005) Adv Mater 17: 1056

[37] Zhang Y, Yu L, Su Q, Zheng H, Huang H, Chan HLW (2012) Novel silica tube/polyimide composite films with variable low dielectric constant. J Mater Sci 47: 1958

[38] Wang HW, Dong RX, Liu CL, Chang HY (2007) Effect of clay on properties of polyimideclay nanocomposites. J Appl Polym Sci 104: 318

[39] Wang J-Y, Yang S-Y, Huang Y-L, Tien H-W, Chin W-K, Ma C-CM (2011) Preparation and properties of graphene oxide/polyimide composite films with low dielectric constant and ultrahigh strength via in situ polymerization. J Mater Chem 21: 13569

[40] Calvert P (1999) A recipe for strength. Nature 399: 210

[41] Coleman JN, Khan U, Blau WJ, Gun'ko YK (2006) Small but strong: a review of the mechanical properties of carbon nanotube-polymer composites. Carbon 44: 1624

[42] Yang SY, Ma CCM, Teng CC, Huang YW, Liao SH, Huang YL, Tien HW, Lee TM, Chiou KC (2010) Effect of functionalized carbon nanotubes on the thermal conductivity of epoxy composites. Carbon 48: 592

[43] Park O-K, Hwang J-Y, Goh M, Lee JH, Ku B-C, You N-H (2013) Mechanically strong and multifunctional polyimide nanocomposites using aminophenyl functionalized grapheme nanosheets. Macromolecules 46: 3505

[44] Yang CY, Chen JS, Hsu SLC (2006) Effects of $O_2$ and $N_2$ plasma treatment on 6FDA-BisAAF fluorine-contained polyimide. J Electrochem Soc 153: F120

[45] Park SJ, Sohn HJ, Hong SK, Shin GS (2009) Influence of atmospheric fluorine plasma treatment on thermal and dielectric properties of polyimide film. J Colloid Interface Sci 332: 246

[46] Cheng YY, Ko HH, Chou SC, Ku PS (2014) Study on NH3 plasma-treated polyimide/MWNT composites on electrical and surface properties. Mater Sci Appl 5: 54

[47] Lin Y-S, Liu H-M, Tsai C-W (2005) Nitrogen plasma modification on polyimide films for copper metallization on microelectronic flex substrates. J Polym Sci Part B Polym Phys 43: 2023

[48] Favia P (2012) Plasma deposited coatings for biomedical materials and devices: fluorocarbon and PEO-like coatings. Surf Coat Technol 211: 50

[49] Oh JS, Gil EL, Kyoung SJ, Lim JT, Yeom GY (2010) Polyimide surface treatment by atmospheric pressure plasma for metal adhesion. J Electrochem Soc 157: D614

[50] Friedrich JF, Mix R, Schulze R-D, Meyer-Plath A, Joshi R, Wettmarshausen S (2008) New plasma techniques for polymer surface modification with monotype functional groups. Plasma Process Polym 5: 407

[51] Joshi R, Schulze RD, Meyer-Plath A, Wagner MH, Friedrich JF (2009) Selective surface modification of polypropylene using underwater plasma technique or underwater capillary discharge. Plasma Process Polym 6: S218

[52] Joshi R, Schulze R-D, Meyer-Plath A, Friedrich JF (2008) Selective surface modification of poly (propylene) with OH and COOH groups using liquid-plasma systems. Plasma Process Polym 5: 695

[53] Miron C, Sava I, Jepu I, Osiceanu P, Lungu CP, Sacarescu L, Harabagiu V (2013) Surface modification of the polyimide films by electrical discharges in water. Plasma Process Polym 10: 798

[54] Miron C, Zhuang J, Sava I, Kruth A, Weltmann K-D, Kolb JF (2016) Dielectric spectroscopy of polyimide films treated by nanosecond high voltage pulsed driven electrical discharges in water. Plasma Process Polym 13: 253-257

[55] Sava I, Kruth A, Kolb JF, Miron C (2018) Optical properties of polyimides films treated by nanosecond pulsed electrical discharges in water. Jpn J Appl Phys 57: 0102BF

[56] Hagoino T, Kondo H, Ishikawa K, Kano H, Sekine M, Hori M (2012) Appl Phys Express 5: 035101

[57] Senthilnathan J, Liu YF, Rao KS, Yoshimura M (2014) Ultrahigh-speed synthesis of nanographene using alcohol in-liquid plasma. Sci Rep 4: 04395

[58] Shirafuji T, Noguchi Y, Yamamoto T, Hieda J, Saito N, Takai O, Tsuchimoto A, Nojima K, Okabe Y (2013) Functionalization of multiwalled carbon nanotubes by solution plasma processing in ammonia aqueous solution and preparation of composite material with polyamide. Jpn J Apl Phys 52: 125101

[59] Kolb JF, Joshi RP, Xiao S, Schoenbach KH (2008) Streamers in water and other dielectric liquids. J Phys D Appl Phys 41: 234007

[60] Shih K-Y, Locke BR (2011) Optical and electrical diagnostics of the effects of conductivity on liquid phase electrical discharge. IEEE Trans Plasma Sci 39: 883

[61] Lungu CP, Lungu AM, Chiru P, Pompilian O, Georgescu N, Magureanu M, Mustata I, Velea T, Stanciu D, Predica V (2009) Plasma treatment of levigated materials and saturated waters. Rom J Phys 54: 369

[62] Marinov I, Starikovskaia S, Rousseau A (2014) Dynamics of plasma evolution in a nanosecond underwater discharge. J Phys D Appl Phys 47: 224017

[63] Sun B, Sato M, Harano A, Clements JS (1998) Non-uniform pulse discharge-

induced radical production in distilled water. J Electrost 43: 115

[64] Starikovskiy A, Yang Y, Cho YI, Fridman A (2011) Non-equilibrium plasma in liquid water: dynamics of generation and quenching. Plasma Sources Sci Technol 20: 024003

[65] Miron C, Hulubei C, Sava I, Quade A, Steuer A, Weltmann K-D, Kolb JF (2015) Polyimide film surface modification by nanosecond high voltage pulse driven electrical discharges in water. Plasma Process Polym 12: 734-745

[66] Hickling A, Ingram MD (1963) Electrochemical processes in glow discharge at the gassolution interface. Trans Faraday Soc 60: 783-793

[67] Martin TH, Guenther AH, Kristiansen M (1996) J. C. Martin on pulsed power. Plenum, New York

[68] Graham WG, Stalde KR (2011) Plasmas in liquids and some of their applications in nanoscience. J Phys D Appl Phys 44: 174037

[69] Sunka P (2001) Pulsed electrical discharge in water and their applications. Phys Plasmas 8: 2587-2594

[70] Pavlinak D, Galmiz O, Zemanek M, Brablec A, Cech J, Cernak M (2014) Permanent hydrophilization of outer and inner surfaces of polytetrafluoroethylene tubes using ambient air plasma generated by surface dielectric barrier discharges. Appl Phys Lett 105: 154102

[71] Vanraes P, Nikiforov A, Leys C (2016) In: Mieno T (ed) Plasma science and technology: progress in physical states and chemical reactions, pp 457-506

[72] Vanraes P, Bogaerts A (2018) Plasma physics of liquids—a focused review. Appl Phys Rev 5: 031103

[73] Sato M, Tokutake T, Ohshima T, Sugiarto AT (2008) Aqueous phenol decomposition by pulsed discharges on the water surface. IEEE Trans Ind Appl 44(5): 1397-1402

[74] Khalaf TH, Kadum AH (2010) Analysis of initiation and growth of plasma channels within non-mixed dielectric liquids. Iraqi J Phys 8(11): 88-94

[75] Li J, Si W, Yao X, Li Y (2009) Partial discharge characteristics over differently aged oil/pressboard interfaces. IEEE Trans Dielectr Electr Insul 16(6): 1640-1647

[76] Saito G, Akiyama T (2015) Nanomaterial synthesis using plasma generation in liquid., J Nanomater. https://doi.org/10.1155/2015/123696

[77] Kareem TA, Kaliani AA (2012) Glow discharge plasma electrolysis for nanoparticles synthesis. Ionics 18: 315-327

[78] Miron C, Balan M, Pricop L, Harabagiu V, Jepu I, Porosnicu C, Lungu CP (2014) Pulsed electrical discharges in silicone emulsion. Plasma Process Polym 11: 214

[79] Shi Q, Vitchuli N, Nowak J, Lin Z, Guo B, McCord M, Bourham M,

Zhang X (2011) Atmospheric plasma treatment of pre-electrospinning polymer solution: A feasible method to improve electrospinnability. J Polym Sci Part B Polym Phys 49 (2): 115-122

[80] Senthilnathan J, Weng C-C, Der Liao J, Yoshimura M (2013) Sci Rep 3: 2414. https://doi.org/10.1038/srep02414

[81] Yasuda H, Hirotsu T (1978) Critical evaluation of conditions of plasma polymerization. J Polym Sci Polym Chem Ed 16: 743-759

[82] Yasuda H (1981) Glow discharge polymerization. J Polym Sci Macromol Rev 16: 199-293 83. Banaschik R, Lukes P, Miron C, Banaschik R, Pipa A, Fricke K, Bednarski PJ, Kolb JF (2017) Fenton chemistry promoted by sub-microsecond pulsed corona plasmas for organic micropollutant degradation in water. Electrochim Acta 245: 539-548

[84] An W, Baumung K, Bluhm H (2007) Underwater streamer propagation analyzed from detailed measurements of pressure release. J Appl Phys 101: 053302

[85] Liaw DJ, Liaw BY, Hsu PN, Huang CY (2001) Synthesis and characterization of new highly organosoluble poly (ether imide) s bearing a noncoplanar 2, 2′-dimethyl-4, 4′-biphenyl unit and kink diphenylmethylene linkage. Chem Mater 13: 1811-1816

[86] Liaw DJ, Chang FC, Leung M, Chou MY, Muellen K (2005) Highly organosoluble and flexible polyimides with color lightness and transparency based on 2, 2-bis[4-(2-trifluoromethyl-4-aminophenoxy)-3, 5-dimethylphenyl] propane. Macromolecules 38: 4024-4029

[87] Zhao G, Ishizaka T, Kasai I, Oikawa I, Nakanishi I (2007) Fabrication of unique porous polyimide nanoparticles using a reprecipitation method. Chem Mater 19: 1901-1905

[88] Ge Z, Fan L, Yang S (2008) Synthesis and characterization of novel fluorinated polyimides derived from 1, 1′-bis (4-aminophenyl)-1-(3-trifluoromethylphenyl)-2, 2, 2-trifluoroethane and aromatic dianhydrides. Eur Polym J 44: 1252-1260

[89] Zhao G, Ishizaka T, Kasai I, Hasegawa M, Nakanishi I, Oikawa H (2009) Using a polyelectrolyte to fabricate porous polyimide nanoparticles with crater-like pores. Polym Adv Technol 20: 43-47

[90] Sava I, Chisca S, Bruma M, Lisa G (2010) Comparative study of aromatic polyimides containing methylene units. Polym Bull 65: 363

[91] Bas C, Tamagna C, Pascal T, Alberola ND (2003) On the dynamic mechanical behavior of polyimides based on aromatic and alicyclic dianhydrides. Polym Eng Sci 43: 344-355

[92] Kim S-U, Lee C, Sundar S, Jang W, Yang S-J, Han H (2004) Synthesis

and characterization of soluble polyimides containing trifluoromethyl groups in their backbone. J Polym Sci B Polym Phys 42: 4303–4312

[93] Damaceanu MD, Musteata VE, Cristea M, Bruma M (2010) Viscoelastic and dielectric behaviour of thin films made from siloxane-containing poly (oxadiazole-imide) s. Eur Polym J 46: 1049–1062

[94] Chisca S, Sava I, Musteata V, Bruma M (2011) Dielectric behavior of some aromatic polyimide films. Eur Polym J 47: 1186–1197

[95] Chisca S, Musteata V, Stoica I, Sava I, Bruma M (2011) Effect of the chemical structure of aromatic-cycloaliphatic copolyimide films on their surface morphology, relaxation behavior and dielectric properties. J Polym Res 20: 111

[96] Comer AC, Kalika DS, Rowe BW, Freeman BD, Paul DR (2009) Dynamic relaxation characteristics of Matrimid® polyimide. Polymer 50: 891–897

[97] Damaceanu MD, Rusu RD, Cristea M, Musteata VE, Bruma M, Wolinska-Grabczyk A (2014) Insights into the chain and local mobility of some aromatic polyamides and their influence on the physicochemical properties. Macromol Chem Phys 215: 1573–1587

[98] Havriliak S, Negami S (1966) A complex plane analysis of $\alpha$-dispersions in some polymer systems. J Polym Sci Polym Symp 14: 99–117

[99] Ferreira FAS, Battirola LC, Lewicki JP, Worsley MA, Pereira-da-Silva MA, Amaral T, Lepienski CM, Rodrigues-Filho UP (2016) Influence of thermal treatment time on structural and physical properties of polyimide films at beginning of carbonization. Polym Degrad Stabil 129: 399–407

[100] Blanksby S, Ellison GB (2003) Bond dissociation energies of organic molecules. Acc Chem Res 36: 255–263

[101] Lee S-C, Tai F-C, Wei C-H, Yu J-I (2007) ATR-FTIR and nanoindentation measurements of PMDA-ODA polyimide film under different curing temperature. Mater Trans 48: 1554–1557

[102] Senthilnathan J, Sanjeeva Rao K, Yoshimura M (2014) Submerged liquid plasma-low energy synthesis of nitrogen-doped graphene for electrochemical applications. J Mater Chem A 2: 3332–3337

[103] Krishnamoorthya K, Veerapandianb M, Kima G-S, Kima SJ (2012) A one step hydrothermal approach for the improved synthesis of graphene nanosheets. Curr Nanosci 8: 934–938

[104] Lai Q, Zhu S, Luo X, Zou M, Huang S (2012) Ultraviolet-visible spectroscopy of grapheme oxides. AIP Adv 2: 032146

[105] Damaceanu MD, Sava I, Constantin CP (2016) The chromic and electrochemical response of CoCl2-filled polyimide materials for sensing applications. Sensors Actuators B 234: 549–561

[106] Miron C, Zhuang J, Balcerak M, Holub M, Kruth A, Quade A, Sava I,

Weltmann K-D, Kolb JF (2016) Cobalt containing polyimide films treated by nanosecond pulsed electrical discharges in water. IEEE Trans Plasma Sci 44: 11

[107] Jin X, Huang L, Shi Y, Yang S, Hu A (2002) Thermosetting process and thermal degradation mechanism of high-performance polyimide. J Anal Appl Pyrolysis 64: 395

[108] Yoshifumi S, Yoshida M, Ando S (2006) J Photopolym Sci Technol 19: 297

[109] Li Q, Horie K, Yokota R (1997) Absorption, fluorescence and thermal properties of transparent polyimides based on 2, 3, 5-tricarboxycyclopentylacetic acid dianhydride. J Photopolym Sci Technol 10: 49

[110] Hasegawa M, Kochi M, Mita I, Yokota R (1989) Molecular aggregation and fluorescence spectra of aromatic polyimides. Eur Polym J 25: 349

[111] Hasegawa M, Shindo Y, Sugimura T, Ohshima S, Horie K, Kochi M, Yokota R, Mita I (1993) Photophysical processes in aromatic polyimides. Studies with model compounds. J Polym Sci Part B 31: 1617

[112] Wakita J, Ando S (2009) Characterization of electronic transitions in polyimide films based on spectral variations induced by hydrostatic pressures up to 400 MPa. J Phys Chem B 113: 8835

[113] Carturan S, Quaranta A, Negro E, Tonezzer M, Bonafini M, Maggioni G, Della Mea G (2006) Optical response of 6FDA-DAD fluorinated polyimide to water and alcohols. Sensors Actuators B 118: 393

[114] Chang MH, Frampton MJ, Anderson HL, Herz LM (2007) Intermolecular interaction effects on the ultrafast depolarization of the optical emission from conjugated polymers. Phys Rev Lett 98: 027402

[115] Morteani AC, Friend RH, Silva C (2005) Exciton trapping at heterojunctions in polymer blends. J Chem Phys 122: 7